SAS・特殊部隊

図解 実戦狙撃手マニュアル

SAS AND ELITE FORCES GUIDE

SNIPER

SNIPING SKILLS FROM THE WORLD'S ELITE FORCES

マーティン・J・ドハティ　坂崎 竜［訳］
Martin J.Dougherty　Ryu Sakasaki

原書房

SAS・特殊部隊

図解実戦狙撃手マニュアル

★

目次

第1部　狙撃手　2

序文　4

対狙撃任務　8　　警察の狙撃　9

コラム①　狙撃手の潜伏場所　4　　標的の捕捉　6

大口径スナイパーライフル　7　　対狙撃任務　8

第*1*章　狙撃史概説　10

初期の火器　12

射撃の名手　15　　狙われやすい軍服　19

だれもがライフル兵　21

ボーア戦争　24

20世紀初期　25

「互いに邪魔せずやっていく」　26　　監視と射撃の技能　27

ギリー・スーツ　27

第二次世界大戦　29

対狙撃任務　30　　市街戦　32　　スキルの伝授　33　　太平洋の狙撃手　36

戦後の狙撃　39

ベトナム　41　　サプレッサー《抑制器》　41　　カルロス・ハスコック軍曹　42

フォークランド紛争　47

対反乱、および平和維持作戦　47

イラクとアフガニスタン　52　　長距離射撃　55

今日の狙撃手　55

コラム①　滑腔式弾とミニエー弾　13　　アフガン人の射撃の名手　15

第95ライフル連隊　17　　第1アメリカ射撃兵連隊　18

南部連合軍のライフル兵　20　　塹壕の狙撃　24　　初期のギリー・スーツ　28

肌のカムフラージュ　29　　溝型監視所　31　　Kar 98スナイパーライフル　32

ソビエト軍の狙撃チーム　34　　九九式小銃　38

アメリカ海兵隊の狙撃手、1951年　40　　M21スナイパーライフル　42

ハスコックの.50口径スナイパー仕様重機関銃　44

市街地の射手《マークスマン》　48　　反乱軍の狙撃手　50

マクミランTac-50スナイパーライフル　52　　現代の狙撃手　56

コラム②　フリントロック《火打ち》式銃とマッチロック《火縄》式銃　12

滑腔《スムーズボア》銃身の銃　13　　ミニエー弾　14

マスケット銃の射撃術　14　　ケンタッキー・ライフル　16
ベーカー・ライフル　18　　ライフリング《施条》　21
ウィットワース・ライフル　22
パーカッション・キャップ《撃発雷管》と雷管　22
「今宵、静まりかえるポトマック河畔」　23
モーゼル・ゲヴェーア98ライフル　26
シモ・ヘイヘ（「白い死神」）（1905～2002年）　30
ヴァシリ・ザイツェフ（1915～91年）　36
モシン・ナガンM1891ライフル　37
リュドミラ・パヴリチェンコ（1916～74年）　38
カルロス・ハスコック（1942～99年）　46　　アナコンダ作戦　54

第2部　狙撃手の育成　58

第2章　現代の歩兵ドクトリンにおける狙撃手の位置づけ　60

狙撃手の任務　61
協調して行動する　63
選抜射手　66
安全支援任務　68
防御および攻撃的任務　71
コラム①　狙撃手の遮蔽物　62　　待ち伏せの場所　64
狙撃チームの支援　66　　中隊射手《マークスマン》の火器　69
安全確保のための監視　70　　検問所の支援任務　72

第3章　警察の狙撃手　74

姿を隠した容疑者　75
最後の手段　77
情報収集　78
コラム①　ヘッケラー＆コッホ G3SG-1 スナイパーライフル　76
リー・エンフィールド・エンフォーサー　78
SWAT《特別機動隊》チーム　79　　人質救出　80　　警察の狙撃手　82

第4章　狙撃手の選抜試験と訓練　84

適性　85
　技術と知識　87
フィールドクラフト　88
精密射撃　90
　テストされる　94
コラム①　スコープを使用する　86　　塹壕タイプの監視所　88
　光と影を利用する　89　　背景に溶けこむ　90
　ライフルの形を目立たなくする　91　　トリガーをしぼる　92
　観察テスト　94
コラム②　「精神異常者ではない」　87

第5章　狙撃手の装備　96

カムフラージュ　97
　ギリー・スーツ　98　　ライフルの偽装工作　99　　熱線映像装置　101
火器　101
　ボルトアクション式ライフルとセミオートマティック・ライフル　103
ライフルの特性　107
　フリーフローティング・バレルと自重によるマズルのたわみ　107
　反動　110　　頑丈さと命中精度　111
性能と携帯性　111
口径　115
照準器　119
　赤外線・熱線映像装置　125　スターライト・スコープ　125
　レーザー技術　128
二脚と一脚　129
サプレッサー《抑制器》　131
弾薬　132
　徹甲弾　133
コラム①　ヘルメットのカムフラージュ　98　　顔のカムフラージュ　99
　現代のギリー・スーツ　100　　サイドアーム　101
　スナイパーライフルのタイプ　102

アキュラシー・インターナショナルAS50ライフル　104
フリーフローティング・バレル　106
M24ライフル狙撃手キット　108　ワルサーWA2000ライフル　110
対物ライフル　112　ガリル・スナイパーライフル　114
弾薬のサイズ　116　バレットM82A1対物ライフル　118
望遠照準器のタイプ　120　照準点　122　暗視ゴーグル　126
さまざまな支え　128　野外で利用できる三脚　130
コラム②　質量と速度　114　アイアン・サイト　124
砂をつめた靴下——狙撃手の友　130　オーバーペネトレーション　132

第6章　射撃の技能　134

射撃姿勢　144
伏射　147　膝射　148　立射　150　座射　150　基本原則　154
周囲の環境　156
長距離の射撃　159　ライフルの特性　160
移動し、防御を施した標的　164
市街地　164　塹壕で　164　手がかりと推測　168　射撃の方法　169
移動する標的　169　判断する　171
コラム①　ホーキンズ・ポジション　136　銃眼用の穴を利用する　138
射撃姿勢　142　伏射　その1　144　伏射　その2　146　膝射　148
立射　151　座射　その1　152　座射　その2　154
距離カード　156　スナイパー・スコープを使用する　157
放物線の弾道　158　移動する標的に照準を合わせる　161
市街地での遮蔽物　162　遮蔽物ごしに射撃する　165
訓練用のターゲット・ボード　166　開けた土地を避ける　170
コラム②　銃床への頬付けとアイレリーフ　136
改良された歩兵用照準器　140　ACOGとSUSAT　140
調整可能なトリガー　141　骨格で支える《ボーンサポート》　146
自然な照準　150　放物線と速度の維持　160
リード、追い撃ち、迎え撃ち　161　ロック・タイム　168
軌道と照準線　169

第3部　戦場の狙撃手　172

第7章　狙撃手の作戦　174
主要武器とその他の武器　175
チームによる努力　178
　観測手の役割　178
スペシャリストの活用　183
　複雑な状況　187　　高速で移動する車両　187　　人質をとられた状況　187
　対物射撃　189
コラム①　L115A3スナイパーライフル　176　　狙撃チーム　178
　銃弾の行方を観察する　180　　データを記録する　182
　対物ライフルを構える狙撃手　184　　人質のいる状況　186
　マクミランM87R対物ライフル　188

第8章　戦場の狙撃手　190
捕虜　191
任務の計画立案　194
　潜入と脱出　194　　決死の方策　195　　規則と危険　196
狙撃手の移動　197
　車列　197　カムフラージュ　200　　異なる考えかたをする　204
　姿、音、におい　207
コラム①　即席のパトロール用アンテナ　192　　ヘリコプターの降下　195
　移動の痕跡　198　　逆行して歩く　200
　戦場で工夫するカムフラージュ　202　　道を横切る　204　　釣り針　205
　遠回りの移動　206　　ドラッグ・バッグ　208
コラム②　すぐれた計画　196　　撃って動く《シュート・アンド・ムーブ》　197
　予測可能な行動　208

第9章　敵と接近して　210
匍匐　211
　手と膝ではう　214　　高姿勢匍匐　214　　低姿勢匍匐　214
　徹底した低姿勢匍匐　214　　攻撃や脅威　214　　迫撃砲による攻撃　216
犬　217

安全な地域にもどる　218
コラム①　徹底した低姿勢匍匐と低姿勢匍匐　212　　低姿勢匍匐　215
手と膝ではう　216　　歩く　219
コラム②　「銃弾をひきよせる磁石」　214

第*10*章　配置につく狙撃手　220
重要な要素　223
市街地での潜伏場所　224
非戦闘員がもたらす危険　229
田園地帯での潜伏場所　229
偽装工作を工夫する　230
監視　234
応急捜索　235　　詳細捜索　237　　試行錯誤　237　　ランドマーク　243
地形と環境　243
風の要因　244
コラム①　暫定的な射撃陣地　222　　潜伏場所の銃眼　224
市街地における狙撃手の潜伏場所　226　　狭い空間　228
伏射用の潜伏場所　231　　長期的な潜伏場所　232
テント・タイプの監視所　234　　急場の陣地　235　　詳細捜索　236
距離の測定――紙片法《ペーパーストリップ》　238
ミルを利用した公式　239　　100メートル単位目測法　240
距離カード　242　　フラッグ・メソッド　244　　陽炎のタイプ　246
時計法《クロック・システム》　247
コラム②　距離を保つ　230
アデルバート・F・ウォルドロン（1933～95年）　243

第*11*章　戦術的な準備　248
射撃の準備　250
標的の選定　255　重要度　255　価値のある標的　259
コラム①　距離測定訓練用スコア・カード　251　　三脚の利用　252
ライフルを抱えこむ　254　　屋根裏の狙撃手　256
標的探索訓練用スコア・カード　258　　標的の優先度　259
標的の選定　261　　M24スナイパー・システム　262
コラム②　データ・ブック　250　　チャン・タオ・ファン　255

チャック・マウィニー（1949年～） 260
ティモシー・L・ケルナー 263

第12章 射撃の効果 264
銃創 267　即時射殺 267　心理的効果と身体的効果 270
弾道学 271
確実にしとめる 273
銃弾の力学 278
殺傷力の強化 281　拡張弾《エキスパンディング・ブレット》 282
徹甲弾 283
生死にかかわる危険 284
高まる恐怖 286　本能と訓練 289
コラム① ドラグノフSVDSスナイパーライフル 266　銃創 266
移動する標的の射撃 268　胴撃ち 269　創洞のタイプ 270
銃弾の衝撃 272　射殺 274　銃弾の飛翔 276　銃弾の衝撃 278
銃弾の形状 280　弾片による傷 282　BMG弾 284
離隔照準《ホールドオフ》の算出 285　街路上の標的 288
コラム② 銃弾の形状と構造 279　5時のチャーリー 286

最後に 290
狙撃手とは 290　スキル、精神状態、狙撃手 290
ゲームのなかの話？ 291　自立性、特殊性、知力 295
不発のショット 296

付録 298
狙撃用語集 302
索引 306

狙撃手とは、軍や部隊の別を問わず、最高のスキルを備えた兵士である。狙撃手が実際に撃つことはまれだが、その数発によって戦況には大きな変化が生じる。敵射手から友軍を守る場合であれ、敵の重要人物にしのびよる場合であれ、狙撃手はつねに、姿を見られることなく、狙撃に絶好の瞬間を待つのである

第1部

狙撃手

序文

狙撃手とは、きわめて正確な射撃ができる兵士のことだと思っている人は多い。確かにそれはまちがいではないが、狙撃には、射撃の技能のほかにも重要な要素がある。狙撃手とは、たったの一発で、周囲に計り知れないほどの影響をもたらす能力を備えた人物だ、というのが妥当だろう。

これは、多くの仕事をこなすということでもある。狙撃手は射撃の姿勢をとり、射撃のときまで察知されずにその場に待機できなければならない。狙

狙撃手の潜伏場所

偽装工作は狙撃テクニックの中心にある。潜伏場所を入念に設営する場合も、自然を利用して身を隠す場合もあるが、いずれにしても、人目に触れずに敵を監視し、狙撃に備えなければならない。

撃後は、安全に撤退する必要もある。さらに、撃つ価値のある標的を確認し、風や湿度といった環境要因も考慮して、できるかぎり成功の見込みを大きくすることも必要だ。辛抱強く待ち、絶好のタイミングがきたら、迷わず撃てる集中力もなければならない。そしてもちろん、命中させなければならない。たとえば姿が丸見えの敵歩兵など、相手を選ばず撃つこともある。しかし、これは能力の浪費というものだ。ただ敵を撃つのであれば、狙撃手でなくと

標的の捕捉

狙撃手なら、分隊の歩兵を一発でしとめ、その他の兵士には身を隠す間も与えない。できるだけ影響が大きい標的を選ぶ必要があり、通常は分隊指揮官を狙う。標準的な歩兵ドクトリンに通じた狙撃手ならば、どの兵士が指揮をとっているかを見抜けるものだ。

も兵士であればできる。敵部隊に死傷者が出て戦闘能力がそがれたとしても、その死傷者の大半は一歩兵であり、戦況に与える影響は軽微だ。

狙撃手は、一介の歩兵ではなく、より大きな影響力をもつ標的を狙う訓練を受けている。将校や通信兵、重火器の要員などは価値が高い。こうした人員を失えば、敵の戦闘能力は大きく低下するからだ。指揮官を排除するか、命令をくだす能力を奪えば、部隊を混乱させ、航空機や砲の支援要請を妨害することもできる。

上級指揮官や専門的技能をもった特技兵など重要度の高い人々は、通常は戦闘地域に接近した場所にはいない。だが狙撃手なら、一般の兵士であればすぐにみつかってしまう区域にも潜入

大口径スナイパーライフル

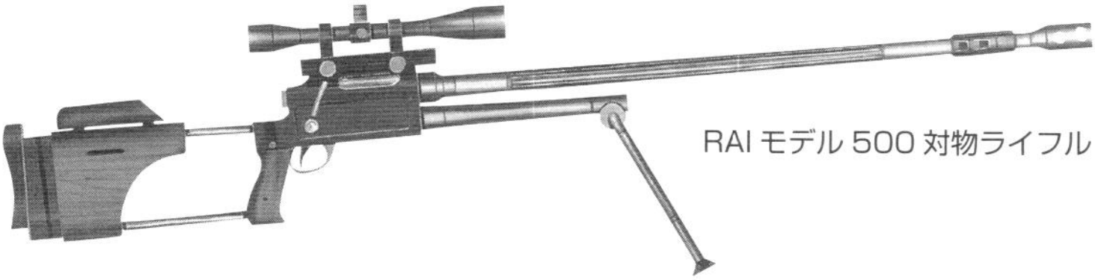

RAI モデル 500 対物ライフル

モデル 500 は 12.7 ミリ、ボルトアクション式ライフルであり、アメリカ海軍および海兵隊で採用されている。シングル・ショットのライフルで、再装填のたびにボルトを完全に引き抜くので装填に時間がかかる。フリーフローティング・バレルのライフルであり、2脚でフォアアームを支える。

ステアー HS.50
対物ライフル

ステアー HS.50 は、強力な 12.7 ミリ弾によって生じる反動を抑制するために、重いマズル・ブレーキが装着されている。現在は、5発入りマガジン装着タイプがある。

でき、そこで敵部隊の重要人物を排除する能力もある。人望のある指揮官を失えば敵兵士の士気は下がるだろうし、能力の高い将校を撃てば、部隊全体の戦力が低下することもありうる。

狙撃手は、敵装備も破壊する。対物狙撃を行えば、敵の通信機やレーダー装備、軽車両を無力化できるし、兵器を標的にすることもある。機関銃手が撃たれても別の兵士が代わればよいが、徹甲弾が機関部《レシーバー》を破壊した機関銃は、だれにも操作できないのだ。

対狙撃任務

敵狙撃手には狙撃手をぶつけるのが一番の対抗策であり、対狙撃作戦は、狙撃手の重要な任務のひとつでもある。熟練の狙撃手は、自分の身におきかえてみることで、敵が隠れていそうな場所がわかるものだ。くわえて、観察のスキルと、隠密行動を監視する忍耐力も備えている。

さらに、長距離から敵狙撃手を排除する能力があるため、パトロールして敵をみつける必要もない。このおかげで自軍の部隊が敵に狙撃される危険は小さくなり、捜索パトロールの接近を

対狙撃任務

対狙撃任務は狙撃手の重要な仕事のひとつだ。身を隠しておくために、敵狙撃手以外の標的は見逃す、という場合も多い。スキルの高い敵狙撃手の排除には、別の場合であれば撃つはずの標的をやりすごすだけの価値があるのだ。

察知した敵狙撃手が、姿をくらます可能性も低くなる。

警察の狙撃

狙撃とは、軍事行動の極端な形だと思っている人は多い。しかし、法執行において行われる重要な役割でもある。一般に、軍の狙撃手のほうが警察の狙撃手よりも長距離から撃つが、原則は、通常はほぼ同じだ。法執行において狙撃手を要請するのは、銃をもち人質をとった犯人や、市民や警官にとって差し迫った脅威である人物を無力化するような場合だ。しかし狙撃手が出動したとしても、通常は、もっと穏当な解決策を試みるまで待たなければならない。

つまり警察の狙撃手は、いつでも撃てる態勢をととのえ、命令や、即時射撃を必要とするような標的の動きがあるまで待機するのだ。これが軍の狙撃手との違いだ。軍の狙撃手は絶好のタイミングを狙って撃つが、警察の場合、狙撃が必要となった状況で撃つことが多い。このふたつのタイミングが一致するとはかぎらないのだ。

警察の狙撃手は、対物任務にも携わる。車両や船舶のエンジンを撃てば容疑者の逃亡を阻めるし、武器を無力化することもある。こうした任務では一般市民が周囲にいることも多く、人々が巻き添えにならないように、非常に精度の高い射撃が求められる。

第 1 章

狙撃は現代の歩兵ドクトリンに不可欠なものであるが、この技術が軽んじられていた時代があったため、苦い教訓をすべて学びなおさねばならなかった。

狙撃史概説

遠く離れたところから、発射性の武器を用いて標的を殺害するか無力化することは、先史時代から行われてきた。当時のハンターは、やりを投げたり弓を射たりして獲物を倒す技術を身につけ、大型の、あるいは危険な動物が相手の場合は、獲物が逃げたりハンターを攻撃したりしないように、最初の一撃で倒すことが必要とされた。そしてこのスキルは、敵対する部族など、人間を相手にするときにも有効だった。

しかし戦闘が組織化されるにつれ、狩猟のスキルよりも、剣やこん棒、斧による白兵戦や射手の大量投入など、専門化した軍事テクニックが重視されるようになった。射手を投入する場合は、個人を狙うのではなく、一帯に向けて一斉に弓を射るという手がよく使われるようになる。とはいえ近距離において、狙いをつけて射る攻撃もしばしば行われた。

射手は正式な訓練や狩猟で腕を磨き、非常に腕のたつ射手であれば、50メートルの距離から敵の頭を射ることができた。これは、敵歩兵が盾や金属の鎧《よろい》で身を守っていた時代には欠かせないスキルだった。射手は「狙撃手」とはいえないが、戦うときには、高い射撃の技能と風や大気の状況を読む力など、狙撃手と同じスキルが求められた

18、19世紀の射手《マークスマン》から、現代の、高度な訓練を受けた軍のプロフェッショナルへと進化したのが狙撃手だ。

のである。

初期の火器

火器が戦場を支配するようになると、皮肉にも、大半の兵士にはそれほど高い射撃の技能が求められなくなった。初期の滑腔銃身《スムーズボア》の火縄銃やフリントロ《火打ち》ック式の火器はあまり命中精度が高くはなく、一番効果を発揮するのは、ごく接近した距離から一斉射撃を行う場合だった。標的は個人ではなく敵部隊の集団であり、それでも弾の多くは命中しなかった。

初期のライフルは装填に時間がかかり、大半の陸軍では、兵員に支給する武器にむいているとはいえなかった。また兵士の大多数は、命令に従って装填し、狙って撃つ訓練をわずかしか受けておらず、銃撃実践訓練で弾を大量に使う軍はほとんどなかった。このため、十分に活用する能力がないのにごく標準的な兵士にライフルを与えてもむだであり、その代わりに、兵士は滑腔銃身の銃を支給され、精度の低さを弾数の多さで補ったのだ。

だが射撃術の歴史において評価の低いこの時代でさえ、射撃の腕がひいでた者はいた。こうした兵士は入隊以前に狩猟で高いスキルを身につけており、その技能を戦争で使ったのだ。非正規兵や民兵であれ、あるいは軍の連隊の一兵士であれ、こうした初期の射手は、マスケット銃には不可能な距離から敵兵士に命中させることができたのである。

1770年代にはすでに、こうした個人を「スナイパー」と呼んでいたが、

フリントロック《火打ち》式銃とマッチロック《火縄銃》式銃

初期の火器では、滑腔式銃の不安定さを別にしても、正確な射撃は非常にむずかしかった。トリガーを引くとバネ仕掛けが作動して火打ち石が当たり金にこすれる、あるいは、火縄が火皿の火薬と接触する。通常は（つねに、ではない）、火花が出るか火縄によって火薬が「火皿のなかで点火」するはずで、これによって銃尾内の火薬にも点火する。これが燃え、現代の発射薬に比べるとゆっくりとだが、弾を銃身の前方に押し出しはじめる。このあいだに標的や銃口は大きく動いている可能性があり、トリガーを引いて銃口から弾が出るまでの時間が予測できるとはかぎらない点も、さらにことをむずかしくしていた。

滑腔銃身《スムーズボア》の銃

マスケット銃など最初期の火器は、前装式の滑腔銃身のもので、発射した弾丸を回転させるライフリング《施条》は施されていなかった。火器の内径よりもわずかに小さな丸い弾を発射するこうした銃では、精度を求めようがなかった。マスケット銃は、火薬を銃身に押しこみ、そのうえに弾を落としこむ仕組みだ。火薬と弾は、紙製カートリッジにきちんとくるみ、込め矢を使って正しい位置に押しこんだ。

滑腔式弾とミニエー弾

ミニエー弾底部の空洞は、発射時のガス圧で銃身いっぱいまで広がり、ライフリングと密着する。一方、球弾は、ガスの一部が弾の周囲に逃げて銃身のなかでガタつき、銃口速度と命中精度が低下する。

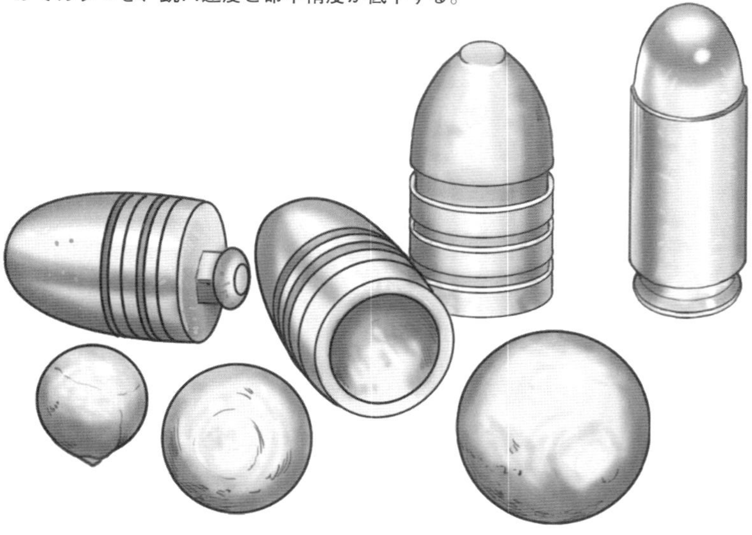

ミニエー弾

円すい形のミニエー弾は底部が空洞になっており、銃の内径よりもやや小さい。発射時に、弾を後方から押す発射ガスによってこの空洞部が広がり、ライフリングにかみあう。この点は大きな進歩だった。この技術によって、ライフリングを施した、発射が迅速な前装式ライフルの製造が可能になり、こうした銃は施条マスケット銃と呼ばれるようになった。

現代とはいくらか意味合いが異なっていた。この言葉は小鳥を撃つ遊びに由来している。タシギ《スナイプ》という鳥はしとめるのが非常にむずかしかったため、「スナイパー」は、仲間の尊敬を集める非常に腕のたつハンターのことをいうようになり、すぐれた射手を意味するシャープシューターやマークスマンといった言葉と同義で使われるようになった。

軍の射撃の名手は、常時ではないものの、滑腔銃身の銃ではなくライフルを装備していることが多かった。彼らは大きな価値のある標的を狙うことで、戦闘に甚大な影響をおよぼした。敵砲兵を狙って砲撃を妨害したり、将校や旗手を撃って敵部隊を混乱させたり、士気を低下させることができたのだ。もちろんかなりの距離から個人を狙い撃ちすることもでき、敵部隊の射手も標的にした。

マスケット銃の射撃術

マスケット銃の多くには照準器がなかった。装着したところでむだだったのだ。それでも腕のたつ射手なら、できのよいマスケット銃を使えば、100メートルの距離でもかなりの確率で標的をとらえることができた。しかし200～300メートル離れると、人間サイズの標的に命中させたければ、そちらに銃を向けて幸運を祈るしかなかった。

射撃の名手

アメリカ独立戦争（1775 ～ 83 年）を戦うイギリス軍の部隊は、偽装を施して身を隠し、いたるところから撃ってくる射手と向き合うことになった。アメリカ軍の射撃の名手はロング・ライフルを好み、なかでも有名になったのが「ケンタッキー・ライフル」だ。実際には、当時アメリカ軍の射撃の名手たちが使用したライフルは数種類あり、そのすべてが、軍用マスケット銃に大きくまさる射程と命中精度をもつよう製造されたものだった。そのため、こうした射手をみつけたところで、密集隊形での一斉射撃の訓練を受け、その装備しかもたない部隊には効果的な反撃は無理な話だったのである。

アメリカ独立戦争では、イギリス軍

アフガン人の射撃の名手

アフガンの部族は、ジェザイルという手製のフリントロック式火器を使い、驚くほどの命中精度で射撃する技術を身につけていた。こうした銃はイギリス歩兵のマスケット銃よりも射程が長く、一部は現在も使用されている。

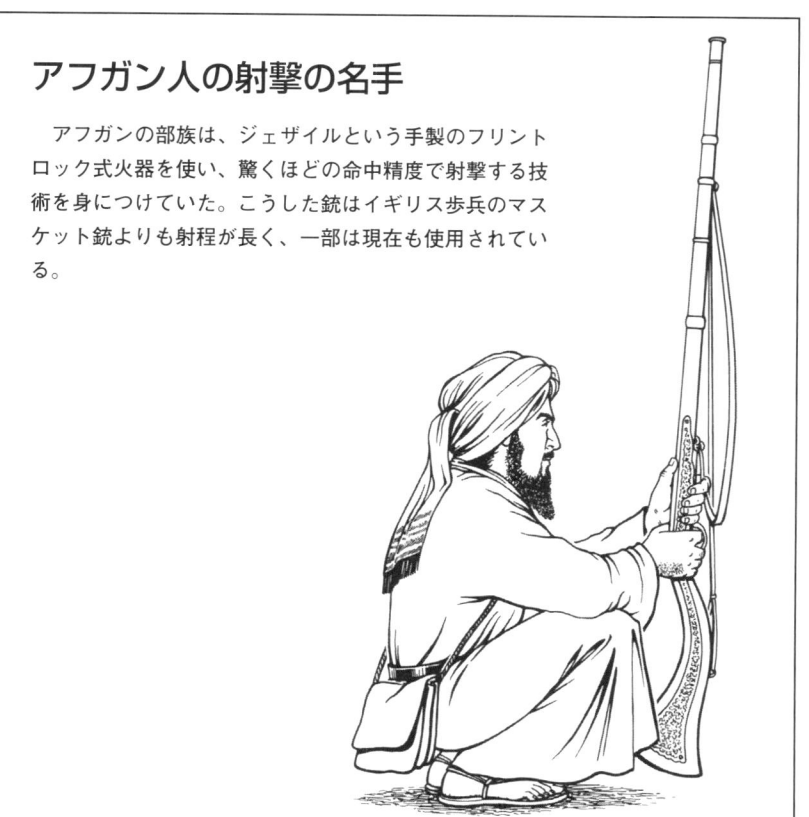

ケンタッキー・ライフル

似たような銃をいくつかまとめて「ケンタッキー・ライフル」と呼ぶようになった。どの銃も黒色火薬を使用するロング・ライフルで、フリントロック式だ。再装填には時間がかかるが、標的まで300メートルあまり離れていても命中精度が高く、当時軍で使用していた滑腔式の銃よりもはるかに射程が長かった。この点でケンタッキー・ライフルは理想的な狩猟用ライフルであり、非正規兵の射手でも大きな効果を上げることができた。

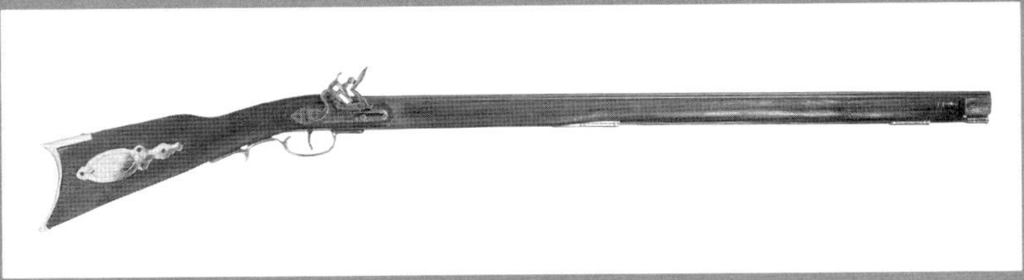

もライフルを装備した部隊を配備してはいた。しかしマスケット銃による一斉射撃という概念にとらわれ、大規模なライフル部隊ができたのはようやく1800年のことであり、このときライフル銃兵実験部隊が誕生した。この隊は、1803年以降に使われた第95ライフル連隊という名称がよく知られている。イギリスのライフル部隊はベーカー・ライフルを装備し、この銃はアメリカ軍の射撃の名手が使用したケンタッキー・ライフルよりもずっと短いため、戦場での装填や操作が簡単だった。そしてライフル銃兵は、当時のイギリス歩兵の正式軍服である赤の上着ではなく、濃緑の服を身につけた。

新しいライフル部隊の軍服は、間接的には、カムフラージュ目的のものともいえた。この時代の軍服は伝統に従って決めるところが大きく、ライフル部隊は、ハンターが着た濃緑の服にヒントを得た軍服を採用した。その結果、敵から身を隠してくれる服を着用することになったのだ。それはライフル部隊には必要な要素ではあったが、採用の本当の理由は別のところにあったというわけだ。

ライフル部隊はエリート部隊だとみ

第95ライフル連隊

第95ライフル連隊は、ナポレオン戦争でその力を証明した実験部隊である。成果を上げたにもかかわらず、ライフル連隊は正式採用とはならず、軽歩兵のエリート部隊という位置づけのままだった。

なされ、当時の歩兵部隊の大半よりも長時間の訓練を受けた。とくに実弾を使用した訓練や射撃の技能の鍛錬には時間をかけたが、当時はそうした訓練をする軍はほかにはなかった。とはいえ、こうした兵士が狙撃手だったわけではない。あくまで軽歩兵の射撃の名手であり、散兵として散開隊形で配置されることが多かったのである。

ライフル兵はふたり１組で活動する訓練を受け、ひとりが再装填するあいだにもう一方が射撃態勢に入った。こうすれば、ライフル兵のペアはつねに、突然の脅威やチャンスに対応し、互い

ベーカー・ライフル

比較的銃身が短い、前装タイプのフリントロック式ライフルだ。長剣タイプの銃剣を装着し、白兵戦での銃身の短さを補った。この銃を戦場で最初に使用したのが第95ライフル連隊であり、この連隊から派生した部隊は、「銃剣をつけよ！」ではなく、「剣をつけよ！」という命令を用いた。

第1アメリカ射撃兵連隊

アメリカ南北戦争時代の施条マスケット銃の登場によって、個々の歩兵が高い水準の射撃を行うことが可能になった。「射撃兵」部隊の多くは、銃を使い狩猟で生活してきた兵士で編成されていた。

を守ることもできた。これは、現代の狙撃チームの多くが、射手と、安全確保も担う標定手とのペアであることとよく似ている。

第95ライフル連隊はその他の歩兵連隊と同じ使われ方をすることが多く、襲撃に参加したり、正規歩兵とともに戦ったりした。しかし一番力を発揮できるのは、この隊ならではの能力を使うことが許可されたときだった。身を隠し、散開して配置につくライフル兵を狙うのはむずかしく、さらに彼らは、標準的な滑腔銃身のマスケット銃をしのぐ距離から射撃を行えた。フランスの狙撃擲弾兵がもっていたのが、このマスケット銃だ。当時第95ライフル連隊が戦う相手だったフランスの部隊は、スキルはあったものの、火器の性能ではイギリスに劣っていたのである。

第95ライフル連隊は、スペシャリストの狙撃部隊というよりも、ライフルをもたせた伝統的な軽歩兵部隊というのがその本質だったが、現代なら狙撃手といえる役割をこなすこともあった。ナポレオン時代には射撃の名手の犠牲になった下士官は多く、将軍たちもいく人か命を落としている。なかでもよく知られているのが、フランス騎兵隊のオーギュスト・フランソワ＝マリー・コルベール将軍（1777～1809年）だ。将軍は伝説のライフル兵、トマス・プランケット（1851年または1852年没）に撃たれた。プランケットはあおむけになって、交差させた足で銃身を支えて撃ったのである。

狙われやすい軍服

射撃の名手は海戦でも重要な役割を担い、近接戦においては戦艦のリグ高くに登り、敵将校や射手を撃った。トラファルガーの戦い（1805年）でネルソン提督（1758～1805年）に致命傷を負わせたのも、こうした射手だ。見事な軍服に身を包んだネルソンは簡単に見分けがつき、自ら標的になっているようなものだった。ネルソンが撃たれたのは約15メートルという至近距離からだが、歩兵がもつ火器の射程が増すと、将校は目立たない服を着るほうが望ましくなっていった。

1800年代半ばまでは、将校はその身分を誇示した軍服を身につけていた。射程が長く高精度の銃が一般的になるにつれ、身分の誇示は死を意味することになり、将校も、自らが指揮する部隊と同じような軍服を身につけるようになっていく。アメリカ南北戦争（1861～65年）では、射撃の名手が部隊指揮官を多数殺害し、目立つものを撃つという傾向が強まった。

この時期には、歩兵将校が戦闘で剣を用いる習慣はあまり見られなくなっていた。それは生き残りのための策でもあり、サイドアームにはリボルバーのほうがよいと認識されてきたためでもあった。当時、歩兵の火力は大きく進歩しつつあり、大半の部隊に施条マスケット銃が装備された。これは、黒色火薬を用い、滑腔銃身の火器のように前装式だがパーカッション・キャップ《撃発雷管》を使って射撃する銃だ。そして、ライフリング《施錠》が施されている点がそれまでとは大きく違った。

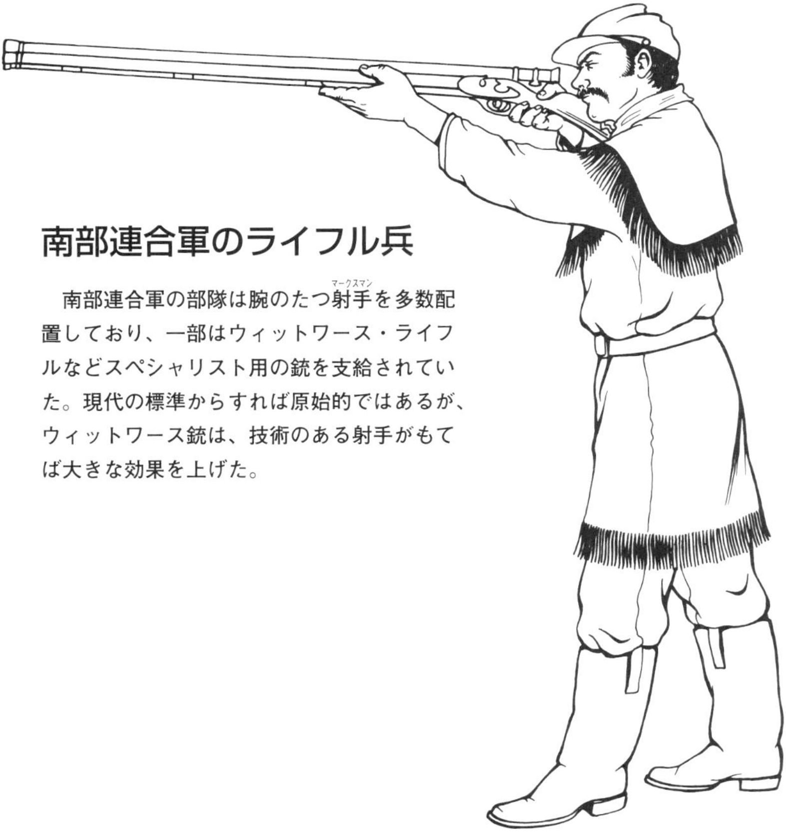

南部連合軍のライフル兵

南部連合軍の部隊は腕のたつ射手《マークスマン》を多数配置しており、一部はウィットワース・ライフルなどスペシャリスト用の銃を支給されていた。現代の標準からすれば原始的ではあるが、ウィットワース銃は、技術のある射手がもてば大きな効果を上げた。

だれもがライフル兵

全兵士がライフリングのある銃をもつと、歩兵が射撃するさいの射程と命中精度は大幅に向上した。滑腔式マスケット銃は銃口よりわずかに小さい弾丸を使用し、銃身にはライフリングが施されてはいなかった。大きく、多くはいくらかいびつな鉛の弾では、すぐに速度が低下し、なにより命中精度がかなり低い。銃身にきっちりとおさまる銃弾を使用し、ライフリング《施条》といわれる溝の作用で回転させることで、銃口初速と命中精度は大きく改善された。銃弾の飛距離が増すだけでなく、平均的な歩兵が確実に標的をとらえる射程をのばした点は大きかった。

当時、ライフリングの使用は目新しいものではなかったが、ライフルを歩兵の標準火器とすることで、歩兵の戦闘の性質が変わった。命中精度の高い個人火器の登場は、つまり個々が狙って撃つ戦術を有効に使えるということだった。もちろん、大半の歩兵は一番目につく標的を選び、それは「簡単に狙える標的」である場合が多かった。とはいえ、目立ちさえすれば、だれもが銃撃される危険があった。遮蔽物利用の重要度は増し、開けた土地での近距離の銃撃戦に、遮蔽物や偽装工作を用いた散開戦術がとってかわり、石壁ごしや切通しからの激しい戦闘が行われるようになったのである。

現代において狙撃戦術とみなされているものは、アメリカ南北戦争時代に進化をはじめた。基本的な望遠照準器《テレスコピック・サイト》を備えた長射程ライフルによって、１キロメートルあまりもの距離から、命中精度の高い射撃を行うことが可能になったのだ。南部連合軍の射手が、北部連邦軍のジョン・セジウィック将軍（1813～64年）を射殺したのも、900

ライフリング《施条》

ライフリングとは銃身内部に刻んだ溝であり、これによって銃弾が飛ぶときに回転し、安定する。効果を上げるためには、銃弾の大きさを火器の銃腔にぴったり合わせ、銃弾とライフリングが密着する必要がある。口径に合った銃弾を銃身に押しこむ作業には時間がかかる。そのため前装式のライフルでは、射撃までに要する時間がマスケット銃よりも長かった。狩猟や狙撃ならいざ知らず、戦場ではこの点を見過ごすわけにはいかなかった。

ウィットワース・ライフル

イギリス軍に使われたが、採用とはならなかった銃だ。アメリカ南北戦争では、南部連合軍の射撃の名手がウィットワース・ライフルを好んで使用し、初期の望遠照準器を装着することもあった。有効射程は800メートル程度であるが、ウィットワース・ライフルがもっと長距離からの射撃に用いられたことも何度もあった。

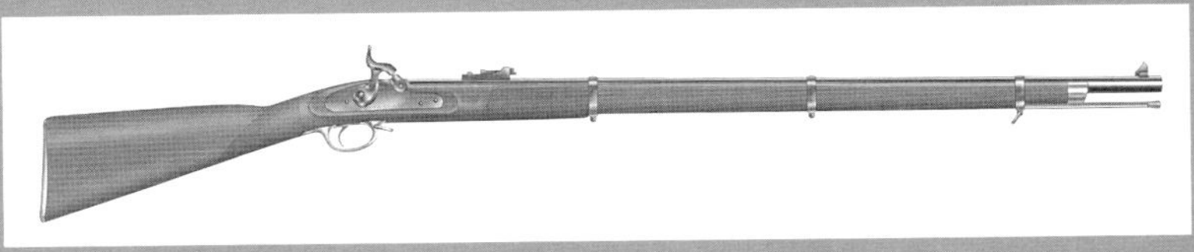

パーカッション・キャップ《撃発雷管》と雷管

パーカッション・キャップの導入によって銃の信頼度は大きく上がった。火花や火縄で火薬に点火するかわりに、バネ式ハンマーでキャップ《雷管》をたたくことで点火できるようになり、フリント《火打ち石》を交換する手間もかからなくなった。さらに、カートリッジ内にパーカッション・キャップを埋めこみ、撃鉄または撃針でそれを発火させるという設計も生まれた。現代のライフル弾の大半は、カートリッジ基部に雷管があるタイプで、発射薬、弾丸、ワッドという構成から、完全に一体型カートリッジへと移行し、威力もあり、あつかいやすくなっている。

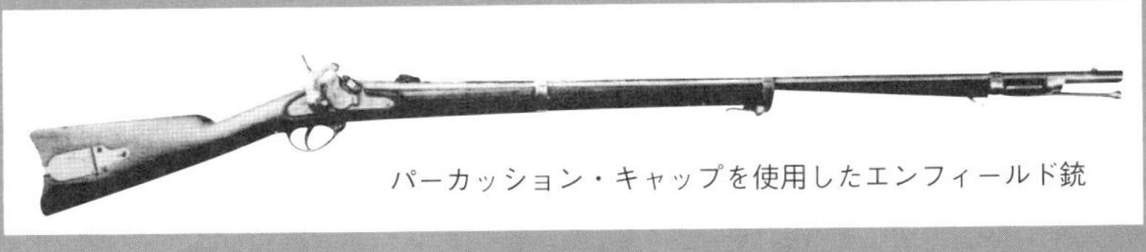

パーカッション・キャップを使用したエンフィールド銃

メートルあまりの距離からだった。このとき使用したのは、おそらくイギリス製ウィットワース・ライフルだ。

長距離射撃は、あっという間に戦場を支配した。1860年代以降、ヨーロッパの大きな戦争では、後装式ライフルが使用された。後装式は、前装式にくらべ利点が大きかった。平均的な歩兵が敵をしとめる距離が大きく伸びたのにくわえ、腹ばいのまま再装填できるので、敵の反撃も受けにくくなったのだ。射程と命中精度が増したことで騎兵の攻撃は自殺行為となり、騎兵はすたれ、歩兵が戦闘の中心に位置する時代が到来した。

「今宵、静まりかえるポトマック河畔」

敵の活動が低下しているときに狙撃する策は、なにも目新しいものではない。19世紀半ばでさえ、敵部隊が休憩し、戦闘に備えているときに、狙撃手が攻撃的作戦を実行していた。1861年、ハーパーズ・ウィークリー誌に一遍の詩が発表された。「前線に動きなし、監視任務につく哨兵が撃たれるのみ」と報告する記事を踏まえた詩だ。第一節はこうはじまる。

「ポトマック河畔に動きなし」と人は言う
「ときおり道をはずれた哨兵が
行ったり来たりしては撃たれ
やぶにはライフル兵が身を隠す
この死は数には入らない
ときおり、ひとりやふたりの兵士が撃たれても
戦場から報告するまでのこともない
将校が倒れたわけでなし、一介の兵士が
ひとり、最期のうめき声をあげるだけ」

E.B.作「哨兵（The Picket Guard）」として発表されたこの詩は、のちのエセル・リン・ビアズの作品である。

ボーア戦争

しかし現代的なライフルの力が実証されたのは、ヨーロッパ以外の地域であった。ボーア戦争（1880～81年および1899～1902年）でイギリス軍が相手にしたのは、長射程ライフルを装備した機動性の高い非正規兵だった。ボーア兵は非常に射撃にすぐれ、伝統的な部隊編成ではなく、狙撃手の大群として戦った。近距離攻撃や銃撃戦で決着させるよりも、ボーア兵は、長距離からイギリス軍を狙い撃ちするスキルを活用した。遮蔽物や偽装工作を駆使したボーア兵の戦い方は、現代の歩兵のものとも大きな違いはなかったのである。

19世紀後半には、ボーア兵などを相手に戦った経験もあり、軍服は色鮮やかなものからくすんだ色へ、さらには、カムフラージュを施した服へと変わった。これは、敵部隊に発見されづらく、標的にされないための策だった。

塹壕の狙撃

戦場での有効性を向上させるためには、現代の狙撃手がもつのと似た、監視スキルも必要になった。とくに無煙火薬が発明されると、その射手を狙うのはもちろん、射撃がどこから行われたのか確定することがむずかしくなったのだ。

20世紀初期

20世紀初頭には、工業化が進んで前線の兵士がみな精度の高いライフルを手にするようになり、視認されにくい服を身につける必要性が増した。しかし、これで兵士がみな狙撃手になれるというわけではない。狙撃手は、標的の選定や偽装工作といったスペシャリストのスキルを備え、狙撃手独特の思考が可能な点が、平均的な兵士と大きく違った。

狙撃は、血気にはやった戦闘よりも、狩りと共通する点が多い。兵士が攻撃や反撃を行うときは、多くは、自分と、同じ隊の仲間の生き残りをかけて戦っている。対処すべき差し迫った脅威があり、最後まで戦いぬくことで危険から解放される。長距離の銃撃戦では、おそらく不明瞭な標的を瞬時にとらえて撃ち、さらに、反撃されるとなれば、撃った者が狙われる。

狙撃手の場合は異なる。標的は狙撃手に気づいていない場合が多く、無害な活動をしていることもあるだろう。この場合の狙撃手は、食べ物をまかなうために獲物を狙い、殺すハンターと似ている。狙撃手には、躊躇せず、悔いなく遂行すべき任務がある。そして、それを「冷徹に」行わなければならない。大半の人々は、訓練を受けた兵士でさえ、こうした冷静な殺人を遂行するのはむずかしい。

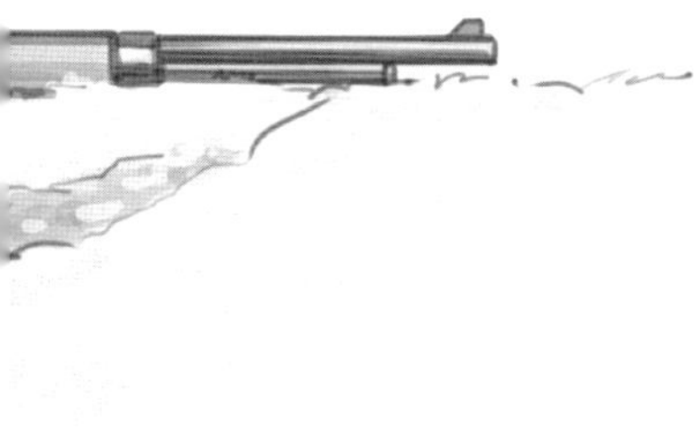

西部戦線では多かれ少なかれ陣地が固定し、狙撃手は、標的が姿をあらわしやすい場所を見きわめる余裕があった。塹壕の胸壁部が低い箇所や、高地から見下ろせるような場所では、塹壕ぞいに移動する兵士が狙撃手の銃に身をさらすことになった。

「互いに邪魔せずやっていく」

第一次世界大戦の膠着した塹壕戦では、多くの兵士が、敵に対し「互いに邪魔せずやっていく」姿勢をとるようになった。攻撃されたとしても、戦うのは自分たちの塹壕を守るためであり、命令を受ければ攻撃したが、進んで対決しようとはしなかった。こうした戦域に配置された狙撃手は、撃てばかならず報復を受けることになるので、友軍の兵士たちからはうとまれたことだろう。兵士たちが塹壕での生き残りにかまけているあいだに、狙撃手は、敵との戦争を続けたのである。

第一次世界大戦の狙撃手は、大規模攻撃をせずとも効果の上がる攻撃手段のひとつだった。塹壕や、その背後の小高い位置に配置された狙撃手は、自分の姿をさらす不注意な敵兵を狙い撃ちした。いまだに、同じマッチから３番目にタバコの火をもらう兵士はアンラッキーだと思われているのは、この当時の狙撃手が暗闇にマッチの火をみつけると、３番目の兵士が火をもらいに身をよせるころに撃つ態勢がととのっていたからだ。

モーゼル・ゲヴェーア98ライフル

19世紀末にドイツ陸軍向けに生産されたボルトアクション式ライフル。標準的なゲヴェーア98は、威力があり、命中精度も高かった。第一次世界大戦勃発時、製造されたなかで最高品質のものが、望遠照準器を装着して狙撃に用いられた。第二次世界大戦中にはドイツ軍歩兵が短銃身タイプのゲヴェーア98を装備し、また狙撃タイプは長年使用された。モーゼル・ライフルをもとに、高性能のライフルが数タイプ開発されている。

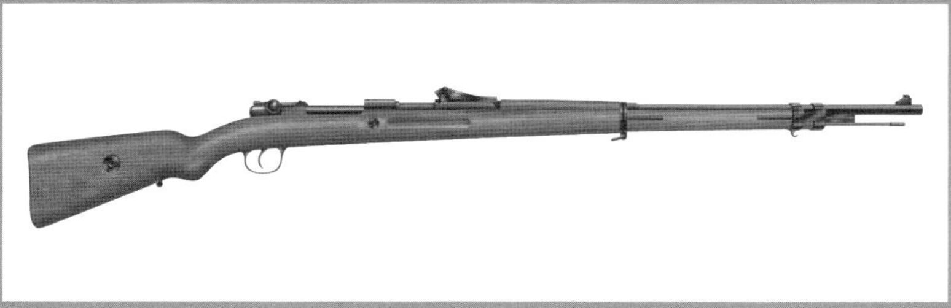

狙撃手は敵胸壁のとある一点や塹壕の銃眼を監視し、敵兵が移動や射撃のために姿を現すのを待った。一発のために、数時間どころか何日も待つことさえある。敵の装備も攻撃対象だ。狙撃手は徹甲弾を支給され、敵機関銃の尾栓を撃った。さらに、胸壁から安全に外をのぞくための「展望鏡」も、狙撃手の標的とされた。

監視と射撃の技能

第一次世界大戦の狙撃では、射撃位置までひそかに長距離を移動するよりも、準備した陣地を用いることが一般的であり、また、当時重視されたのは、監視と射撃のスキルだった。これはとくに、敵狙撃手を排除する場合には重要だった。塹壕外壁の小さなすきまから射撃を行うときだけ、ごく一部しか姿を見せない標的だからだ。しかしときには、射撃に適した場所をみつけるために狙撃手が緩衝地帯にしのびこむ場合もあった。これは非常に危険が大きく、すぐれた偽装工作を要した。発見されれば、仲間の援護もほぼ受けられずにとらえられ、自軍の塹壕にもどるすべはなかった。

第一次世界大戦勃発時、ドイツ陸軍はすぐれた狙撃ドクトリンを有していたものの、すぐに連合軍もそれにおいついた。イギリス陸軍は露骨な策は用いず、敵胸壁の低い位置や隙間を監視して、移動する兵士を狙い撃ちするといったことはしなかったが、それは「スポーツマンシップに反する」とみられていたからだろう。しかし1916年には、イギリス軍も狙撃、監視、偵察といったスペシャリスト向け訓練を行う施設を備えていた。この3つが一体となって、狙撃手のスキルを形成していることが認識されたのである。

ギリー・スーツ

カムフラージュの技術が向上しはじめたのもこのころだ。初期には、目をあざむく模様のついた衣類が実験的に使われ、また、周囲に草木が残る紛争地域で任務につく狙撃手は、衣類に葉をつけて偽装するようになった。このふたつの方策は、周囲と溶けこむ以上の効果をあげた。人がライフルをもつときの特徴的な輪郭があいまいになり、周囲の風景と狙撃手とを見分けるのが非常に困難になったのだ。

ギリー・スーツの導入でこの考え方がさらに進んだ。「ギリー」と呼ばれたスコットランドの猟場管理人が着たものをもとにしたギリー・スーツは、柔らかい端切れを用い、それに植物を結びつけられるようになっている。狙撃手は、任務につく場所に合うスーツにすることができるのだ。ギリー・スーツを着ると、狙撃手ははっきりとした形をもたないかたまりに姿を変え、

初期のギリー・スーツ

現代のギリー・スーツのように手のこんだものではないが、第二次世界大戦で狙撃手が用いたこのフード付きコートは、狙撃手の特徴のある身体の輪郭をわかりづらくする。なにより、頭部が、形のはっきりとしないなめらかなラインになって、簡単には見分けがつかなくなる点が重要だ。

背景の色と同化する。とはいえ、ライフルの直線のラインも消さないと、その効果をだいなしにしてしまう。

第二次世界大戦

第一次世界大戦では、狙撃手が戦闘と監視の能力を証明した。だがこの大戦で教訓を得たにもかかわらず、大半の国は、戦間期に狙撃をあまり重要視しなかった。狙撃手が再び戦闘で重要な役割を果たすようになるのは、次の大戦が勃発してからのことだった。

1930年代後半のスペイン内戦で狙撃手が活動したことは確かだが（正式な訓練をうけたスペシャリストというより、偽装した射手といったほうがちかいが）、狙撃が世界の耳目を集めるようになったきっかけは、1939年のロシアによるフィンランド侵攻だった。戦力が大きく劣るフィンランド陸軍は赤軍をくいとめるのがせいいっぱいで、極地方の森林の地形を利用し、戦闘の多くをここで行った。

フィンランド軍の狙撃手は、通常部隊の支援にくわえ、ロシア軍前線背後にしのびよって死傷者をもたらし、安全だと油断していたロシア部隊の士気を低下させた。これには隠蔽と遮蔽の技量が必要であり、つねにすばらしい腕前を見せるフィンランド軍狙撃手がいた。「白い死神」と恐れられるよう

肌のカムフラージュ

模様をつけると人の顔のつくりが隠れてしまい、監視者に見えていても、それが顔だと気づくのがずっとむずかしくなる。これを利用すれば、狙撃手もみつかりにくくなるということでもある。一番情報を伝えてしまうのは、顔と頭なのである。

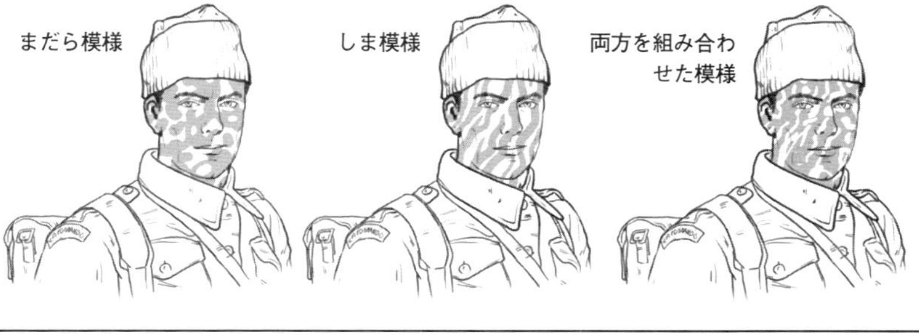

シモ・ヘイヘ（「白い死神」）（1905～2002年）

シモ・ヘイヘは、1939年にロシアがフィンランドに侵攻した当時、フィンランド陸軍の射手だった。通常はボルトアクション式のライフルを装備したが、ヘイヘは、狙撃した700名あまりの多くにサブマシンガンを使用した。ヘイヘは、狙撃のさいには目立たないように、ライフルに望遠照準器ではなくアイアン・サイトを装着した。さらに、居場所を気どらせないために、息が白くならないよう口に雪を含んだ。ヘイヘはロシア軍狙撃手に顔を撃たれたが、戦争を生き延び、国民的英雄となって退役した。

になったシモ・ヘイヘ（1905～2002年）である。ヘイヘはおよそ700名の敵兵を狙撃した。彼が、望遠照準器ではなくアイアン・サイト（ライフルに用いる標準的照準器具）を使用することが多かったのは、そのほうがライフルの形が目立たず、みつかりにくかったからだ。

対狙撃任務

第二次世界大戦勃発後、各国の陸軍で、狙撃手養成学校や既存の養成所を充実させたものが設置された。狙撃手は自由に動き回って、攻勢に出た正規軍を支援する要員として配備され、進軍を阻もうとする敵にしのびより、排除した。そして敵狙撃手や、適所に配備された対戦車銃や支援火器要員も、狙撃対象としたのである。

双方の狙撃手が増えるにつれ、対狙撃任務の重要性も増した。たったひとりの狙撃手が、休憩中の部隊や、長期にわたって進軍を止めている部隊の士気を低下させることもできたからだ。外には標的を探す射手がいるかもしれないと思うと、兵士は遮蔽物から出る気が失せることもある。機関銃の、人間味のない集中射撃をものともしない兵士でも、狙撃手から狙い撃ちされる危険を思うと不安に陥った。時間をかけ、個人を正確に狙う狙撃は、相手の士気を奪って大きな効果を上げたため、早急に手を打つ必要があったのである。通常は、狙撃手を送りこんで敵射手をみつけ、排除するのが最善の策だった。

ごく優秀な狙撃手には、特別な相手を狙う特殊任務が与えられることがあった。傑出した敵将校を狙うこともありはしたが、この場合の標的の多くは、非常に腕のたつ敵狙撃手だった。こう

溝型監視所

浅い塹壕型の監視所。攻撃を受けた場合は、敵の射撃からある程度は身を守れるが、本来は偽装陣地である。上に、人工のものや、その周囲の植物など自然の素材でカムフラージュを施す。

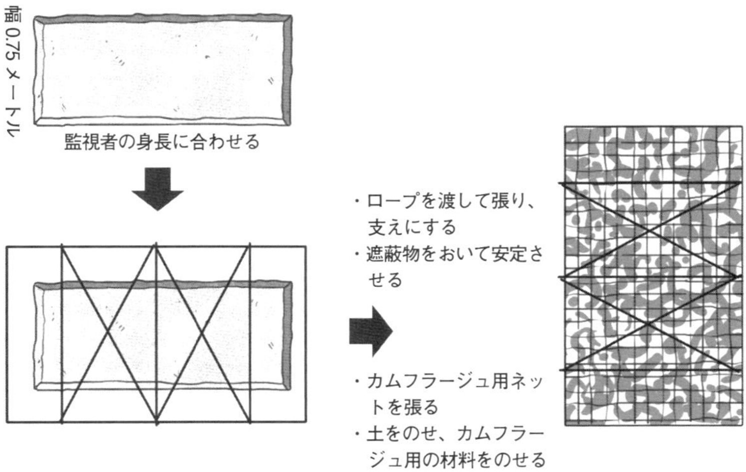
幅0.75メートル
監視者の身長に合わせる
・ロープを渡して張り、支えにする
・遮蔽物をおいて安定させる
・カムフラージュ用ネットを張る
・土をのせ、カムフラージュ用の材料をのせる

Kar 98 スナイパーライフル

カラビナー 98 のスナイパー・タイプは、スペシャリスト用の狙撃銃として生産されたものではない。製造ラインにおいてテストを行い、命中精度の高いものが狙撃用に選ばれたのである。

した「スーパー・スナイパー」がひとりの狙撃手ではなく、何人もの狙撃手が優秀な成績を残しているのだとわかることもあった。しかしときにはたったひとりの狙撃手が、敵に大きな損失を与えたり、一定の地域に入ることを阻止したりしていることもあったのである。狙撃手対決は、必然的に、監視に何日も費やし敵のやり方を分析する長期戦となった。偽装工作と監視の戦いに勝てなければ、対する狙撃手は新たな犠牲者になる。狙撃手対決に幕を引くショットは、非常に長期にわたる戦いの終局にほかならなかったのだ。

市街戦

第二次世界大戦も多くの特徴をもつが、なかでも顕著だったのが市街戦だ。大都市で戦闘が行われただけでなく、村や町も敵部隊の拠点となった。市街地では戦車が役に立たず、町の制圧は歩兵が担った。この状況は狙撃手にとっては理想的であり、市街地狙撃という新しいテクニックも生まれた。原則はほぼ同じだが、いくつか独特なテクニックも採られた。

第二次世界大戦の市街戦といえば、スターリングラードの戦いが真っ先に浮かぶ。瓦礫に埋もれた街は、パトロール兵や狙撃手にとって格好の狩りの場となった。大規模戦闘の合間には小隊による小競り合いがつきなかったが、建てこんだ街並みのせいで援護しあえない場合が多かった。まもなく、建物

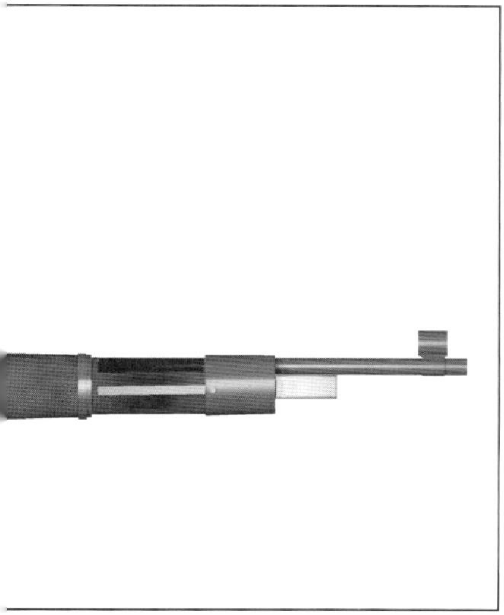

の陰から姿を見せれば命にかかわるというのが既成事実となり、可能なかぎり、兵士は建物の内壁を壊したり、遮蔽物を利用したりして移動した。

こうした環境では、ひとりの狙撃手が街の広範囲を敵から守ることも可能であり、狙撃手の存在をにおわせることで、その狙撃手が別の狩場へと移動したあともなお、敵の作戦を妨げることになった。当時、ロシア軍狙撃手のなかでも一番恐れられたのがヴァシリ・ザイツェフ(1915～91年)だ。100名を超すドイツ兵を殺害し、ロシア軍の英雄となった。そしてザイツェフその他のすぐれた狙撃手を無力化するため、スターリングラードには熟練のドイツ軍狙撃手たちが配置されたのである。

スターリングラードの戦いは、これまで、ザイツェフとドイツ軍狙撃手との戦いとして描かれてきた。ドイツ側狙撃手は、狙撃教官のエルヴィン・ケーニヒ少佐（実在したかは不明）とされている。しかし実際には、ドイツ軍狙撃手は協力しあってロシア軍の狙撃手たちに対抗したはずであり、そうでなくとも、市街戦の成り行き上、狙撃手対決が生じたのだろう。つまり、ザイツェフをしとめるためにドイツ陸軍がひとりの「スーパー・スナイパー」を配したというよりも、両軍が通常の対狙撃作戦を行い、そこに当然ザイツェフも含まれていた、というところだろう。

ザイツェフは、非常に腕のたつドイツ軍狙撃手の存在に気づいた。それがケーニヒだったのか、ザイツェフ目当てだったのかどうかもはっきりしないが、ザイツェフの優秀な狙撃手仲間が数人しとめられたのだ。身を隠しそうな場所を監視し推理して、ザイツェフは敵狙撃手の隠れ場を突き止め、姿が見える場所へとおびき出した。そして一発で敵をしとめた。この闘いは伝説となったが、その事実関係を正確に知る者はいない。

スキルの伝授

赤軍は、狙撃手が戦場で得た知識を

ソビエト軍の狙撃チーム

フィンランドとの紛争で狙撃手の価値を学んだ赤軍は、第二次世界大戦中、狙撃手を多用した。

ソビエト軍狙撃手は一般にモシン・ナガン・ライフルを使用し、一部は、セミオートマティック銃を好んだ。赤軍の狙撃手には冬期の作戦向けに、白い防寒服が標準装備されていた。

ヴァシリ・ザイツェフ（1915～91年）

ヴァシリ・ザイツェフは、第二次世界大戦のターニング・ポイントのひとつである、スターリングラードの戦いの逸話として語られることが多い。厳しい市街戦が続いて両軍は譲らず、ザイツェフが殺害したドイツ兵は100名を超え、そのなかには狙撃手もいた。ドイツ陸軍はこの「スーパー・スナイパー」の存在をおおいに危惧し、最強の狙撃手をひとり（あるいは数名）、ザイツェフをしとめるために投入したとされている。一説によると、ザイツェフは、非常に腕のたつ狙撃手仲間がいく人か撃たれたため、自分が狙われていることに気づいたという。ザイツェフと敵の狙撃手は互いに追跡しあい、それは数日間続いたが、ザイツェフがドイツ兵の隠れ場を突き止め、しとめたのである。ザイツェフは、スターリングラードの戦いと第二次世界大戦を生き延びた。

引き継ぐことの重要性に気づき、狙撃手を戦場からもどして兵士たちを訓練させることにした。そのひとりがリュドミラ・パヴリチェンコ（1916～74年）だ。赤軍が配した多数の女性狙撃手のひとりであるパヴリチェンコは、敵狙撃手を36名と、300名ちかくの兵士をしとめ、その後狙撃手養成学校に移ってスキルを教えた。パヴリチェンコは敵に大きな損失をもたらしたが、彼女のプロパガンダとしての利用価値がそれより大きかったことはまちがいなく、また彼女が教えたスキルによって、何百人もの教え子の能力と寿命が大幅に増した。パヴリチェンコに並ぶ成績を残した教え子はいなかったものの、パヴリチェンコは彼らを通じて、ドイツ軍の戦争努力にはかりしれないほどのダメージを与え続けたのである。

太平洋の狙撃手

狙撃手は太平洋の戦場でも活躍した。日本軍の狙撃手は、木に登り葉のなかに身を隠すのにたけていた。こうすれば高い位置から撃てるのにくわえ、地上で展開する部隊の通常の目線より上に身をおくことになった。木々は、カムフラージュと、みつかった場合にもある程度遮蔽物としての役割を果たしたが、そこからの迅速な撤退は行えなかった。

アメリカ軍は運よくあたることを願

モシン・ナガンM1891ライフル

7.62×54ミリ弾を使用するモシン・ナガンは、クリップで装填を行うボルトアクション式ライフルであり、５発入り内蔵型マガジンを用いる。この世代の銃と同じく、それ以前のシングル・ショット、後装式ライフルに比べ、歩兵の銃としては大きく飛躍した。短銃身の歩兵仕様のものが第二次世界大戦で使用されたが、朝鮮戦争とベトナム戦争では、スナイパー仕様のモシン・ナガンも使われた。

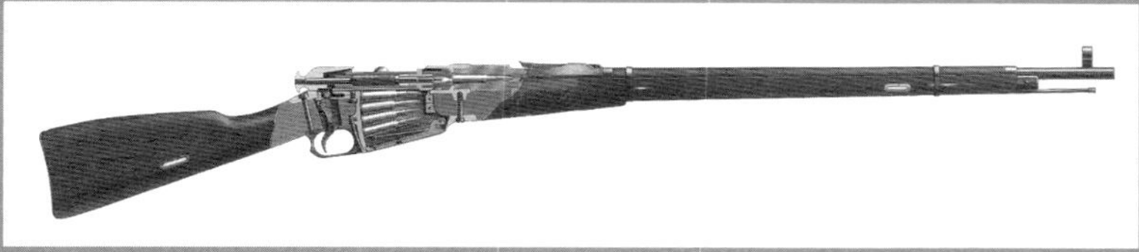

い、狙撃手がいそうなあたりに自動小銃で集中射撃を行うようになった。居場所に大量の射撃を受けている狙撃手は、正確な射撃が行えなくなる。このため狙撃手の位置が確認できない場合は、その周辺の制圧は理にかなった対処法だった。なかでも効果が大きかったのが、狙撃手が移動あるいは反撃することを狙って、狙撃手がいそうな場所を撃つやり方だ。それで居場所を確認できれば、一斉射撃して消すのである。

日本軍狙撃手に対しては、歩兵用火器や機関銃にくわえ、対戦車ライフル、迫撃砲、軽砲、対戦車銃などありとあらゆるものが使われた。軽い弾なら、ジャングルの密集した木々の枝が狙撃手を守ってくれるが、強力な対戦車ライフルは、密林の守りも破ることができた。激しい射撃も葉をはぎ狙撃手の居場所をさらすので、部隊が前進する前には、この手を使うこともあった。

そこに敵狙撃手がいれば、撃たれた。いない場合も、適度な偽装工作ができないような場所にわざわざ入ってくるとは考えにくかった。

当時は狙撃手と観測手からなるふたり組の狙撃チームが一般的で、経験の浅い狙撃手が観測手を務め、熟練狙撃手から高度なスキルを学ぶこともあっ

リュドミラ・パヴリチェンコ（1916～74年）

ソビエト連邦は第二次世界大戦で多数の女性狙撃手を配し、その多くがリュドミラ・パヴリチェンコに訓練を受けていた。パヴリチェンコは戦前にはすでに熟練の射手であり、大戦勃発時に入隊しようとした。しかし女性であることから、戦闘兵よりも従軍看護師になったほうがよいという周囲の声をねじふせなければならなかった。狙撃部隊への参加はどうにかかなったものの、パヴリチェンコは敵を射殺することにためらいがあった。しかし身近で仲間の死を目撃してからは敵を積極的に撃つようになり、優秀な狙撃手となった。通常、トカレフ SVT40 セミオートマティック・ライフルを使用したパヴリチェンコは、オデッサやセヴァストポリの戦い（1941～42年）で名をあげ、その後、教官となった。パヴリチェンコは第二次世界大戦を生き延び、ソ連邦英雄金星賞を受賞した。夫も狙撃手だったが、セヴァストポリの任務中に狙撃された。

九九式小銃

た。ほかにも、「射手《シューター》」ふたりが組んで役割交換をする、あるいは狙撃手と熟練の観測手が長年にわたって組むチームもあった。しかしアメリカ海兵隊は異なる手法をとり、3人組の狙撃チームを配していた。

海兵隊狙撃チームには、安全確保を担うメンバーがいた。狙撃手と観測手が標的を探すあいだ、3人目が背後を守るのだ。このメンバーが携帯するのは狙撃銃ではなく、歩兵用ライフルやサブマシンガン、散弾銃だった。近接戦がはじまれば、狙撃用の銃では効果がかぎられるため、3人目の兵士が激しい銃撃を浴びせる能力をもつことで、チームは敵との接触を断ったり、困難な状況を切り抜けたりすることが可能になるのだ。

戦後の狙撃

第一次世界大戦の終結時同様、第二次世界大戦が終わると同時に、狙撃には目が向けられなくなった。その結果、1950年6月に、北朝鮮の侵攻に対して韓国に派遣された部隊は、大戦で得ていた教訓を一から学びなおさねばならなかったのである。

朝鮮戦争での狙撃の多くは戦場でのにわか仕込みのものだったが、即興で面白い工夫がなされる場合もあった。アメリカ軍の狙撃手であり、銃工でも

日本軍は6.5ミリ弾を装填する、ボルトアクション式の三八式歩兵銃を標準装備として採用したが、これは火力に劣っていた。九九式はより強力な7.7ミリ弾を使用し、望遠照準器を装着すると効果的な狙撃用の銃となった。日本製照準器は固定式で、距離に合わせて調節することができず、狙撃手は自分で照準点を修正し、銃弾の落下を補わなければならなかった。この欠点にもかかわらず、九九式小銃は太平洋戦争では大きな威力を発揮した。

あったウィリアム・ブロフィー大尉は、固定陣地からの狙撃銃として、0.5インチ（12.7ミリ）口径の重機関銃を利用することを思いついた。この武器は戦場での携帯にはかさばりすぎたので、ブロフィーは対戦車ライフルを改造して0.5インチ口径の機関銃の銃身と薬室を使い、今日の対物ライフルのはしりともいえる銃を作り出した。

朝鮮戦争は結局膠着状態に陥り、両陣営ともに、防御が厳重な丘に陣地をとった。敵前線を突破すべく本格的な攻撃と激しい近接戦が行われ、その合間をぬった断続的な狙撃も互いを苦しめた。共産主義側の狙撃手は、姿を見られないようにトンネルを移動して陣地をうつり、ランドマークを利用して撃つようになった。そして、同じところに何度もくり返し撃つうちに、命中精度を高めていった。

アメリカ海兵隊の狙撃手、1951年

M1ガランド・ライフルが採用されたため、スプリングフィールドM1903ライフルは、制式採用の歩兵ライフルとしては徐々に廃される予定だったが、M1ガランドの配備が十分ではなく、大量のスプリングフィールドが使われ続けた。このため狙撃手志願者の大半は、狙撃手となって支給される銃にすでになじんでいたのである。

アメリカの部隊はいくつか革新的アイデアを利用した。ひとつは、狙撃手を複数の自動火器が支援するというものだ。砲兵や銃兵は、望遠照準器がなければ標的に照準を合わせられないが、狙撃手が曳光弾で指示したエリアへの攻撃は可能だ。狙撃手が標的をしとめなかったとしても、しばらくのあいだはそのエリアを、隠れるには非常に不都合な状況にできたし、うまくいけば死傷者も出る。少なくとも、正確な制圧射撃を行うことはできた。

狙撃手は、攻撃の支援も行った。共産主義側の部隊はたいてい、防御物から頭を出そうとはしなかったが、攻撃部隊が接近すると、立ち上がって銃撃しなければならない。こうなると、アメリカ軍狙撃手には標的が大量に生まれた。狙撃手は攻撃部隊の背後に陣取り、自身は射撃にはさらされることなく、ゆっくりと狙い撃ちすることができたのである。

ベトナム

アメリカはベトナム戦争（1965～73年）に参戦し、高い技術をもつ部隊を送った。しかし敵の多くは、少人数で行動し、大規模な敵部隊の鼻先で散り散りになるゲリラ部隊だった。北ベトナム軍とベトコンは、狙撃手を多用してアメリカ軍の基地とパトロール兵を苦しめたため、しっかりとした対狙撃策が必要となった。狙撃手が隠れていそうな場所に激しい銃撃を浴びせる策もとられた。むだはあるが、姿を隠した敵射手から攻撃を受ける危険は軽減できた。アメリカ軍の狙撃手は対狙撃作戦で重要な役割を果たしたうえに、幅広い任務も担った。海兵隊は積極的に狙撃手を訓練し、偵察にも用いた。偽装工作と監視のスキルを生かし、敵の動きにかんする情報を収集し、友軍のパトロールが不意打ちに合わないようにしたのである。

サプレッサー《抑制器》

アメリカ軍にとって、M14ライフルは戦闘用としては大きな成果を上げない銃だったものの、この銃をベースにすぐれた狙撃銃が生まれ、サプレッサー《抑制器》の装着が可能なM21セミオートマティック・スナイパーライフルが開発された。狙撃手は、必要に応じて数発の連射が可能になり、敵部隊の近くから射撃した場合も姿を隠したままでいられた。サプレッサーは銃の「音を消す」わけではないが、銃の発射音だとわからない程度にはなり、音の出所を突き止めるのもむずかしくした。銃の射撃音は通常は遠くまで届くが、サプレッサーを使えば、狙撃手の銃が注意を引く範囲は狭くなったのである。M21はまた微光暗視装置も使用可能であり、夜間にも正確な射撃を行えた。

M21スナイパーライフル

M14は戦闘用ライフルとしての性能は劣ったが、命中精度を高めたタイプは狙撃用の銃としては非常に効果的であったため、M21スナイパーライフルとして採用された。有効射程約700メートルのM21は、サプレッサーと、さまざまなスペ

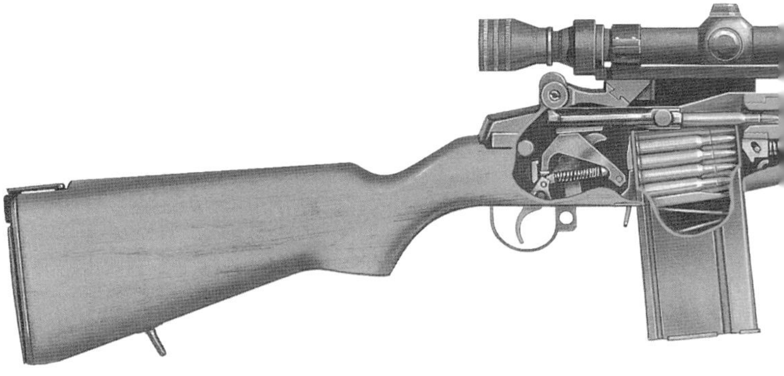

アメリカ軍の狙撃手は、利用できる能力や状況はすべて生かす訓練を受けた。敵パトロールの将校を撃ち、代わって指揮をとりそうな兵士も撃てば、大規模部隊をしばらく足止めすることも可能だ。そして敵部隊が撤退する前に航空機による支援や砲撃を要請すれば、敵に追い打ちをかけることができたのである。

カルロス・ハスコック軍曹

こうした攻撃で一躍有名になった狙撃手もいる。カルロス・ハスコック軍曹（1942～99年）と相棒の観測手は、水田に敵部隊を4日間足止めし、逃げようとする者は狙い撃ちした。夜間には航空機が曳光弾を落として敵の居場所を照らし、そのあいだにハスコックは場所を移して反撃を避けた。最終的にハスコックはその地域から撤退したが、そこをあとにする前には、敵残兵への砲撃を要請していたのである。

ハスコックは狙撃手の多くがそうだったように、入隊以前に射撃の技能を身につけていた。貧しい家族の食事を狩猟で補っていたハスコックは、射撃としのびよる《ストーキング》スキルにたけていたため、狙撃手の訓練に志願するにはうってつけだった。北ベトナム軍はハスコックの首に高額の懸賞金をかけ、居場所を

シャリスト仕様の光学装置や通常の望遠照準器を装着可能だった。1988年にはM24スナイパーライフルに代わられたが、2004年には、M14から派生した新型の狙撃銃が、M14エンハンスト・バトルライフル（EBR）として導入された。

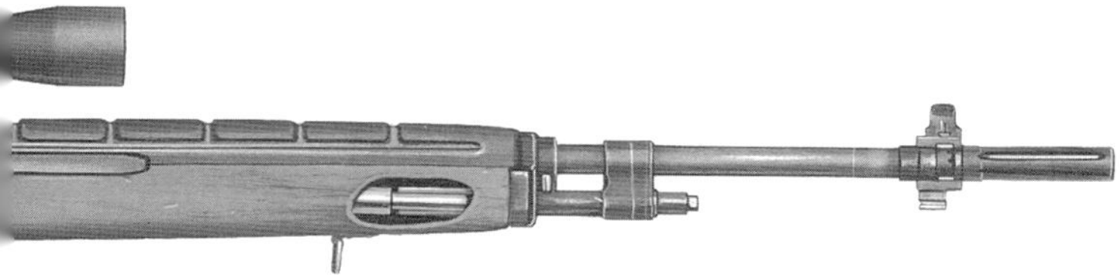

突き止めしとめるために、腕のたつ狙撃手を送りこんだ。あるときハスコックはなにかが光るのをみつけ、それが敵狙撃手だと判断して撃った。狙った場所に行ってみると、自分の撃った弾は敵狙撃手のライフルのスコープを貫通していた。それは、相手の銃がまっすぐにハスコックを狙い、射撃の態勢にあるときでなければ起こりえないことだった。

ハスコックはまた、狙撃銃に転用した重機関銃を使い、長年、狙撃の長距離記録も保持した。さらに、ハスコックが果たした敵制圧エリアへの潜入を基準に、狙撃手に求めるスキルが設定された。北ベトナム軍の上級将校を排除するために送りこまれたハスコックは、狙撃可能な位置まで1500メートルも匍匐で進み、それには4日も要した。そして標的をしとめたあとも、再び姿を見られずにもどらなければならなかったのである。

狙撃手は狂人ではない。狩ること自体に高揚感は抱いても、多くは殺しを楽しんではいない。多くの場合狙撃手は、「殺人」を遂行すべき仕事とみるか、それによって自分たちが救う仲間の命のことだけを考えるかだ。狙撃手には、紛争が続く現実をどうすることもできないし、自分の仲間を撃たない

ハスコックの.50口径スナイパー仕様重機関銃

望遠照準器を取りつけるためにブラケットを装着し、またシングル・ショットに転用して、M2機関銃を改造して狙撃用銃としたもの。この銃は、戦場で試行錯誤の末に生み出されたものだが、大口径の対物ライフルとしては十分な働きをした。

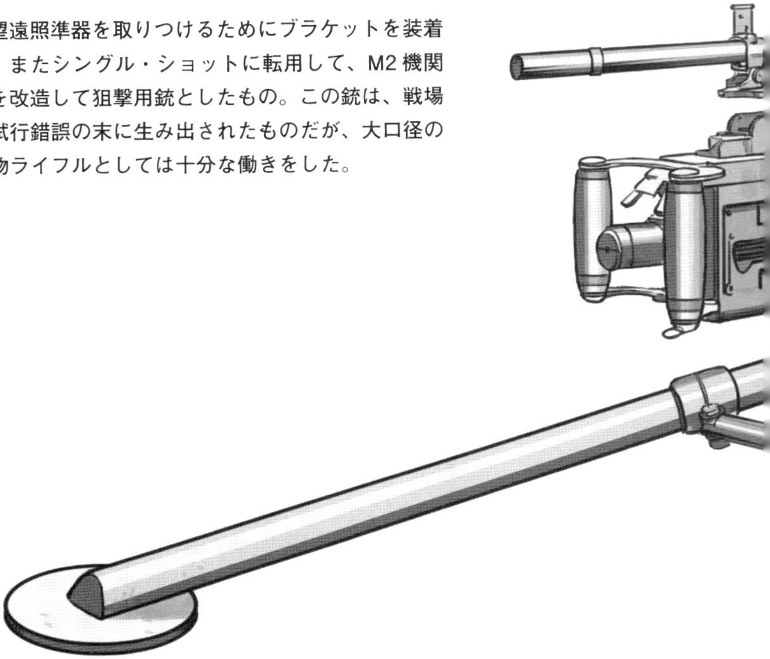

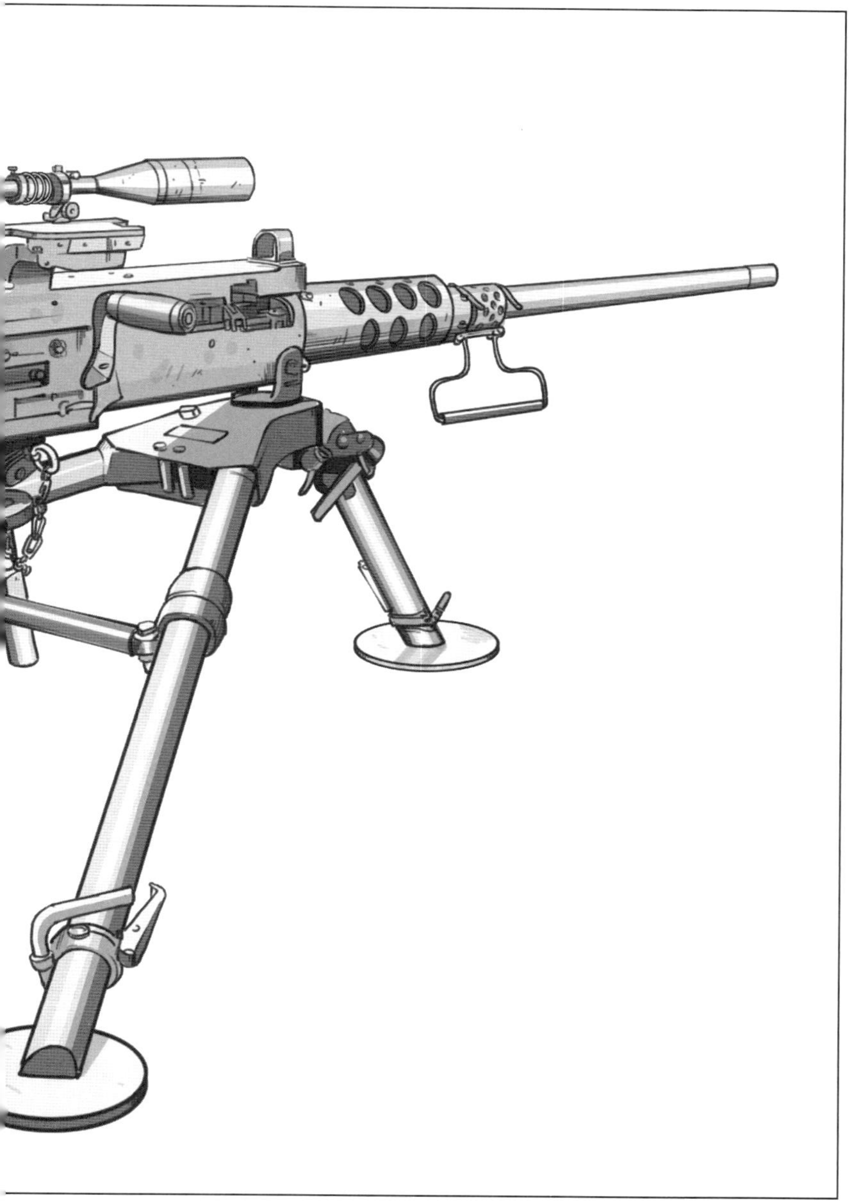

カルロス・ハスコック（1942～99年）

帽子の帯に羽をつけていたことから「白い羽毛」という異名をとったカルロス・ハスコックは、おそらく狙撃手史上、もっとも影響力のある人物だ。ベトナム戦争では100名ちかい狙撃数が確定している。このうち、北ベトナム軍の将軍を排除するさいには、敵陣地に潜入するため、長時間危険に身をさらした。狙撃位置までじりじりと匍匐前進を続け、狙撃後も同様にして撤退したのである。ほかにも、敵狙撃手の望遠照準器に命中させてしとめたり、改造した重機関銃を用いて、当時の狙撃最長距離を記録したりしている。ハスコックと相棒の観測手は、北ベトナム軍の80名からなる偵察部隊を壊滅させたこともある。燃えさかるアムトラック（水陸両用トラクター）から海兵隊員数名を救助して重いやけどを負ったハスコックは、教官となって軍と警察の狙撃手を養成した。

よう敵を説得することもできない。

しかし狙撃手は、仲間の命を守ることはできる。敵兵をひとり倒すことで、友軍の兵士が何人か殺害されるのを阻むことになるかもしれないのだ。

兵士の多くも同じ考えであるため、彼らは狙撃手を要請し、その支援を受け、敵の射手から守ってもらう。歴史に残る潜入任務を遂行したカルロス・ハスコックにささげた「ホワイト・フェザー（白い羽毛）」という詩は、ハスコックが多くの命を救ったことに謝意を表したものだ。この詩の作者は、敵将校の暗殺は、攻撃ではなく守護的任務だとみなしている。この詩は、敵将校の殺害という行為ではなく、その将校が生きていたら起きていたはずのことに対する恐怖から生まれたのだ。

「戦われなかった戦いがあった。あれば私は死んでいたはずだ」

この詩は伝説のカルロス・ハスコックのことを書いてはいるが、狙撃に対する一般的な見解を要約したものである。とくに狙撃手たちはこれと同じ考えだ。狙撃とは不快な仕事かもしれないが、必要でもある。そして長い目で見れば、ひとりの狙撃手がいくつかの命を奪うことで、多くの人々を救うことになる。軍事紛争という不完全な世界では、これがせいいっぱいの策だ。力を発揮し効果を上げるつもりであれば、狙撃手はこう考え、心を平静に保つべきなのだ。

フォークランド紛争

フォークランド紛争（1982年）では、イギリスとアルゼンチン軍の狙撃手が大きな働きをした。アルゼンチン陣地の多くには機関銃のチームと狙撃手、ライフル歩兵が配置され、互いを支援し連携して任務にあたった。イギリス軍は狙撃対策として、通常の重火器や一般的な対狙撃手用火器にくわえ、ミラン対戦車誘導ミサイルも投入した。当時、これは高価な弾薬のむだづかいだと批判された。しかし、熟練の狙撃手が自軍に被らせる損害に比べると、ミサイルは安いものだった。

対反乱、および平和維持作戦

大規模紛争ではなくとも、狙撃と対狙撃任務は軍事作戦に欠かせないものになっていた。北アイルランド、レバノンその他、紛争地域での対反乱作戦では、高度な狙撃ドクトリンの保持が必要であることが証明された。同様に、1990年代のバルカン半島へのNATOの介入などは非常に複雑な作戦であり、抑止力と最適な武力投入とをうまく組み合わせることが必要とされ、これはまさに狙撃手のための任務といえた。

バルカン紛争中、サラエヴォは狙撃手の活動で悪評を買った。狙撃手の多くは一般市民を狙い、高い建物に陣取って長く伸びる通りを射撃したため、ここには「スナイパー通り」という呼び名までつけられていた。戦争の規則を無視して、こうした狙撃手の多くは市民を狙い、犠牲者を助けにくる人がいれば、さらに標的が増えることまで読んでいた。NATOの平和維持軍は、こうした環境での作戦遂行を余儀なくされ、居場所を特定できない狙撃手から銃撃を受けることも多かった。そして多くの住民がいる市街地では、激しい射撃による大規模な報復は論外であり、対狙撃任務しか使える手はなかった。

狙撃手は特殊任務を担う特殊部隊のグループに属していることも多い。配置できる兵士の人数もごくわずかだ。余分なメンバーが多いほど、任務の遂行前に発見される危険は増すのだ。このため、チームのひとりひとりが高い技量をもっていなければならず、なかでも狙撃手はとりわけ重要度の高い要員なのである。狙撃手は、仲間が標的領域に潜入、撤退するさいの援護につき、実際には高精度の射撃を行わないこともある。

対反乱任務の大半をしめるのは監視と情報収集であり、狙撃手がこの分野でもすぐれていることは証明済みだ。敵を撃たなければならない場合、狙撃手の正確な射撃は、一般市民や、射撃

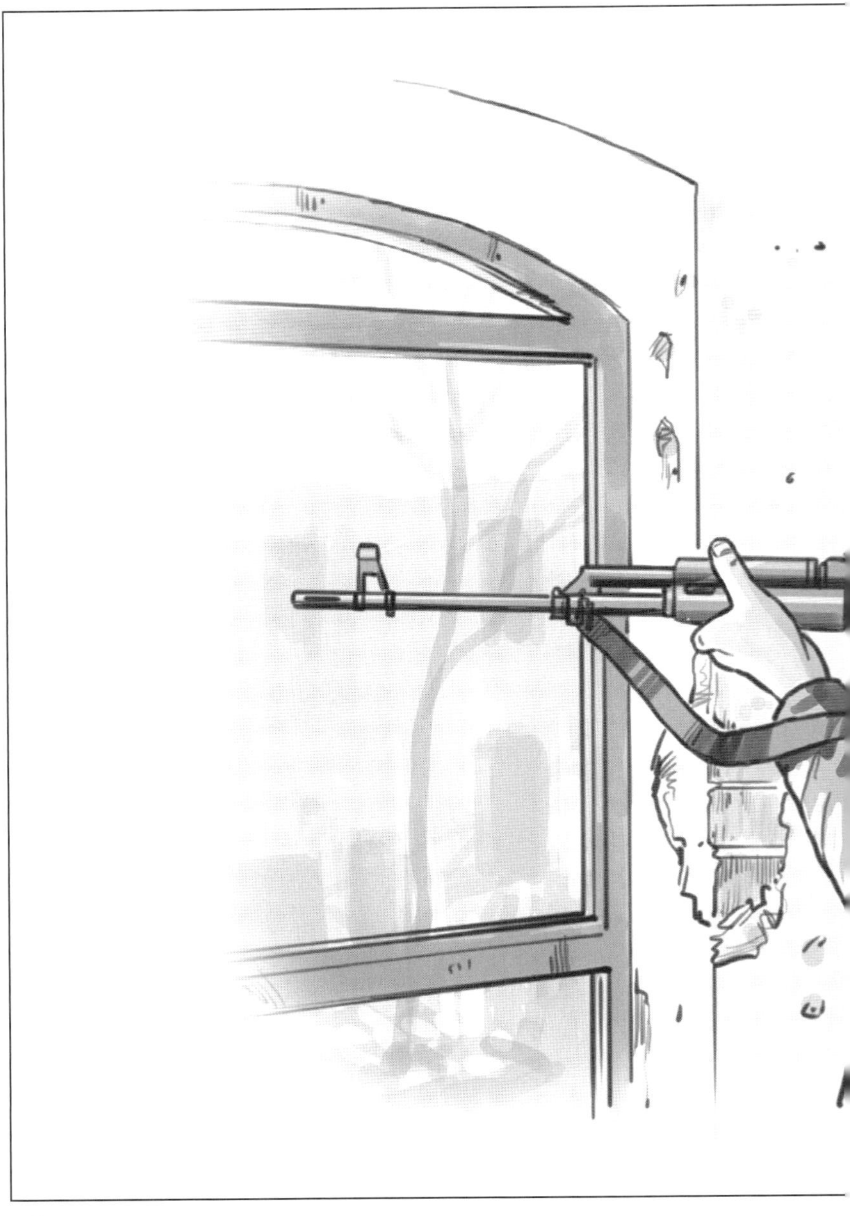

市街地の射手《マークスマン》

20 世紀末のバルカン紛争では、多くの独学の狙撃手が市街地で銃弾を放った。調達したライフルで、自分の住むアパートメントの窓から撃つ者もいた。こうした狙撃手は軍の狙撃手が行う正式な訓練を受けていないことが多く、本物の狙撃手ではなく、射手というほうがふさわしい。

反乱軍の狙撃手

市街地で活動する狙撃手にとって、屋根裏のスペースは格好の潜伏場所だ。瓦を何枚かはがして銃眼にすると、地上からは非常に特定しづらい。布袋を利用して砂嚢を作ると、ライフルを安定させる台や、反撃された場合の防御物にもできる。

の正当性が不確かな相手が負傷するのを避けるためのものでもある。狙撃手のスキルのおかげで、治安部隊は、最小限の軍事力で脅威に効果的に対応するという原則をまげずに、作戦を続行することができるのである。

イラクとアフガニスタン

近年の紛争の特徴である対反乱戦争に対処するときに、この点はとくに重要であることも判明している。1991年の湾岸戦争や2003年のイラクの自由作戦は大規模な軍事行動だったが、まもなく、アフガニスタンにおける介入（2001年から現在にいたる）のように、紛争はずっと低強度のものになった。大規模軍で作戦を展開することができない反乱軍は、かわりに、一般市民のなかに身を隠し、町や市中のパトロールを襲い、待ち伏せや急襲を実行する。

こうした環境では、砲や航空機による支援、戦車などの大規模兵器は、多くの場合は利用が限定される。その配置が適した状況でも、標的に対する偵察と監視の優劣によって効果は大きく違ってくる。こういう場合に大きな力を発揮するのが狙撃手だ。偽装陣地から強力な支援火器の要請をし、これに指示を出すのである。

イラクやアフガニスタンの反乱軍の多くは、非常に高い戦意に反して射撃の腕はお粗末だったものの、その狙撃手は、治安部隊にとっては大きな脅威となった。市街地のパトロールはルートの予測が容易なため、とりわけ危険

マクミラン Tac-50 スナイパーライフル

ボルトアクション式ライフルで、12.7ミリ弾を使用する。Tac-50は2脚を備え、カナダ陸軍が長距離狙撃および対物ライフルとして採用してきた。アメリカ海軍ネイビー・シールズも使用する。

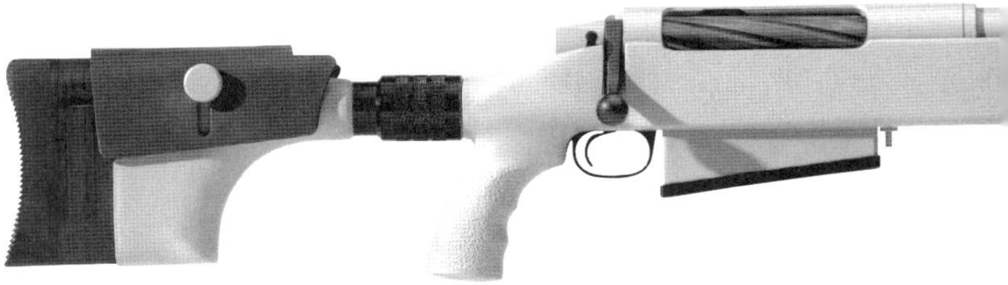

だった。もちろん、狙撃手に対する最善策は狙撃手をあてることであり、要所には屋根の上に狙撃チームを配置することも多かった。

狙撃手は、アフガニスタン辺境部において、反乱軍に対する大規模作戦を支援する任務も行った。アフガニスタンは待ち伏せにはもってこいの地形であり、反乱軍は、道路のはるか上から身を隠して撃ってきた。歩兵の大半がもつ、比較的短距離の攻撃に最適なアサルト・ライフルは、こうした環境では思ったより効果が低かった。このため、車両部隊に狙撃手と選抜射手（高度な射撃の技能は認められているが、狙撃手としての訓練は十分に受けていない）を同行させて、長距離で効果的な反撃を行う能力を強化したのである。

ある丘から別の丘へと、アフガニスタンの谷ごしに行うような超長距離の狙撃では、大口径の対物ライフルが威力を発揮した。2002年のアナコンダ作戦では、口径0.5インチ（12.7ミリ）のマクミランTac-50ライフルを使用して狙撃に成功し、当時の長距離射撃記録を作った。このライフルをもつのは3人組の狙撃チームであり、どの兵士も十分な資格があり、交代で観測手を務め、大型ライフルを撃ち、安全確保や小型の銃での射撃も行った。

こうした銃で超長距離から敵狙撃手や機関銃兵、支援兵器の要員を排除したため、友軍の脅威はある程度取りのぞかれ、足止めされた部隊も前進できるようになった。このような効果を上げるためには、1500メートルを超す

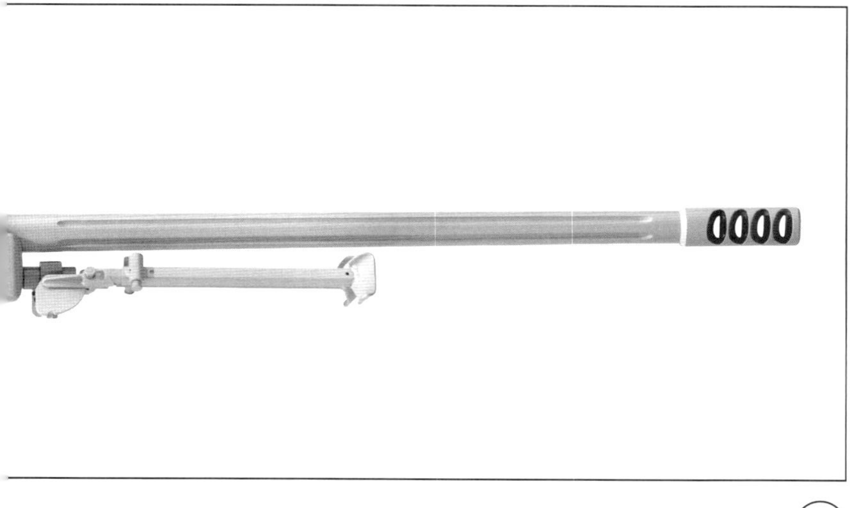

距離での射撃が何度も求められ、銃撃戦のなかで正確な射撃を行う必要があった。この作戦では、アーロン・ペリー伍長が敵の砲観測手を2310メートルからしとめて狙撃の最長距離を記録したが、数日後には、ロブ・ファーロング伍長が2430メートルの距離から機関銃兵を撃ち、この記録を破っている。

イラクとアフガニスタンでは、即席爆発装置（IED）の脅威に対処するさいにも狙撃手が大きな役割を果たした。爆弾が設置されそうな場所を監視することで、狙撃チームはそれを未然に防いだのだ。この任務には大きな忍耐力を必要とした。偽装陣地でじっと待つのだが、待っていても、なにも起こらない確率のほうが高いのだ。運に恵まれれば、狙撃チームが敵の爆弾チームを排除したり、偶然、敵の上級幹部をしとめたりできることもあった。

狙撃チームは、迫撃砲やロケット推進式グレネードによる攻撃の対処にもあたった。狙撃手の存在に気づかない反乱軍は、攻撃の前線に最適だと思う場所があれば、そこに火器を設置した。友軍が、敵が予測可能な作戦を強いられることも多かったが、逆にいえば、敵からの攻撃もある程度予測がつくものであった。また、敵と直接交戦する部隊にはできなくとも、狙撃チームには敵の策が見通せた。迫撃砲の標的にされる歩兵が真っ先に心配するのは避

アナコンダ作戦

2002年3月、多国籍軍はタリバン兵の大軍を、アフガニスタンのシャヒコト渓谷から駆逐した。機関銃や迫撃砲で重装備した反乱軍はこの作戦に激しく抵抗し、多国籍軍はカナダ・アメリカ合同狙撃部隊の支援を受けた。この狙撃チームは3つのグループからなり、マクミランTac-50スナイパーライフルを装備していた。狙撃手は、ときおり激しい銃撃を受けながら、強力な火器で敵の支援銃兵や狙撃手を狙撃した。毎日のように1500メートルもの距離から射撃を行った狙撃チームは、数日のうちに、長距離狙撃記録を2度打ち立てた。まず、アーロン・ペリー伍長が2310メートルの距離から敵の砲観測手をしとめ、つぎに、ロブ・ファーロング伍長（1976年～）が2430メートルから機関銃兵をしとめた。アフガニスタンの山の多い地形では、こうした命中精度の高い長距離狙撃による支援の効果は、はかりしれないほど大きかった。

難することだが、攻撃にさらされていない狙撃手は、迫撃砲の攻撃を指示する観測手を突き止め、排除しようとすることもできたのである。

敵の指導者に対しても同じことがいえた。イギリス軍狙撃手クリストファー・レイノルズ伍長（1984年～）は、親部隊とタリバンとの交戦が長引くなか、ムラという名のタリバンのリーダーをしとめた。仲間を支援するために建物の屋根に上がったレイノルズと観測手は、彼方でタリバン軍に指示を出す人物をみつけた。1800メートルあまり向こうに人の姿をみつけることさえ、たいていの人にはむずかしいだろうが、いつもどおりその人物が発するシグナルを読みとることで（ほかの兵士との違いを見分けるなど）、狙撃チームには、それがタリバンの指揮官であることがわかった。そして、1853メートルの距離からしとめたのである。

長距離射撃

2009年11月、クレイグ・ハリソン伍長（1975年～）が、現在の長距離狙撃の世界記録を樹立した。ハリソンの部隊指揮官と仲間は、車両が襲撃されて激しい銃撃にさらされ、命の危機にひんしていた。ハリソンと敵の機関銃チームのあいだには2475メートルの距離があったが、ハリソンは数発撃って測距すると、ふたりの機関銃兵を射殺し、機関銃も破壊した。3発すべてが命中していた。そして襲撃された車両は、その後安全な地域に逃れることができたのである。

今日の狙撃手

初期の射手から今日の狙撃のスペシャリストにいたるまでの道のりは長く、狙撃手のスキルが評価されずに後退する時代もあった。狙撃のツールは変化し、レーザー測距装置などの支援機器も生まれて、狙撃が容易になった側面もある。しかし、狙撃手の役割と性質は不変だ。狙撃手は標的にしのびより、待ち、撃って姿を消す。彼らは友軍を守り、敵指揮官や専門兵、装備を無力化することで敵の戦闘能力を損なうのである。

狙撃手の価値はあまりに大きく、彼らが軍で重責を担わなくなることなど考えられない。有能な狙撃手に必要な性質を備えた兵士はごくわずかだが、そのごくわずかな兵士が、人数に比して膨大な数の紛争に影響力を発揮してきたのである。

現代の狙撃手

イラストは、2010 年にヘルマンド州で任務につくイギリス陸軍の狙撃手。標準仕様の砂漠用カムフラージュ戦闘服を着用し、それにあわせてオスプレイ・ボディアーマーをつけている。これは、以前のコンバット・ボディアーマー（CBA）に代わり採用されたもので、その材質や構造により大きな耐衝撃性を備えたモジュラー・システムだ。狙撃手が手にする L115A3 は、イギリス陸軍標準装備のスナイパーライフル。

狙撃手とは、なによりも、熱心な観察者である。望遠照準器を通して、その目がとらえたものすべてを間近に監視することができ、不自然なことがあればごくささいなものでも発見する能力を備えるため、狙撃手の目を逃れられるものなどほとんどない。狙撃手は、射撃で応じることもあれば、砲撃や航空機による支援を要請する場合もあるだろうし、あるいはそのまま監視を続けるだけのこともある。

第2部

狙撃手の育成

第２章

狙撃手は歩兵部隊の一員でありながら、それとは別行動をとる。狙撃手は本隊の支援を行うこともあれば、支援を受けることもあるが、通常は、別個に作戦を遂行するのである。

現代の歩兵ドクトリンにおける狙撃手の位置づけ

狙撃手は、通常の歩兵小隊のなかにいても最大の効果を発揮することはできない。どれほど経験豊富で腕のたつ歩兵であろうと、狙撃手と同じほど音を立てず、忍耐強く行動することはできないし、それでは狙撃手の大きな利点を奪ってしまう。

脅威や敵との遭遇に対する通常歩兵部隊の反応は、狙撃手とは異なる傾向にある。歩兵は、攻撃的に動き、チームとして行動する訓練を受けているが、狙撃手は接触を避けようとするのが一般的であり、自立心が非常に強い。

歩兵は通常、構造が明確な組織において、細かな指揮を受けて任務を遂行するが、狙撃手は、おおまかな枠組みの任務を与えられ、独自に行動することが求められている。

狙撃チームに微細管理を行おうとすれば、災いのもととなる。そうではなく、行動の自由を認め、予測のつかない状況における狙撃手と観測手の判断を信頼することが必要なのである。

精密射撃を行う場合、銃にしっかりした架台があれば大きな利点となる。狙撃手は、頑丈で架台にふさわしいものをみつけて利用することが多いが、銃を支えるのにくわえ、偽装工作や敵の反撃に対する防御にも使えるようなものを選ぶ。

狙撃手の任務

狙撃手の任務は、通常の歩兵のものとは大きく異なる場合がある。歩兵部

狙撃手の遮蔽物

市街地では、屋根の上に射撃陣地をおくのが好まれる。見通しがよく、敵は、周囲に目を向けるほどには上方に気を配らない。銃の架台は、あたりに使えるようなものがなければ、狙撃手が携帯するキットを利用して作ることができる。

隊は、徒歩のパトロールであれ海外への渡航であれ、活動時間の多くを移動に使う。任務において迅速に走破しなければならないこともあるだろう。狙撃手の移動速度はこれより遅く、任務の大部分は静止している。また、狙撃手の射撃は長距離からの場合が多く、歩兵は一般に、比較的近接した状況で敵と交戦する。

歩兵の戦闘は近距離の混戦であることが多く、一斉射撃で敵を制圧し、その間によりよい射撃位置へと迅速に移

動する。交戦はあわただしいペースで起き、たびたび突然中断するが、その休止状態がどれだけ続くかも不明だ。一方、狙撃手の撃つ回数はごくわずかであり、一発たりともむだにしない。

もちろん戦うときのアプローチは、予想される戦闘の内容に応じて変わる。近接戦では、命中精度よりも火力が重要であることが多い。狙撃手は、近距離での敵との銃撃戦に適した装備はもっておらず、こうした戦闘は、勝利に向けて一番力を発揮できる歩兵部隊に任せる。とはいえ、歩兵と狙撃手には似た点もある。

どちらも最後には、弾丸が標的を撃ち、それが戦闘の結果を決める。狙撃手は、隠密裏に射撃位置につき射撃を行う。歩兵は制圧射撃を用い、有利に交戦できる陣地につき、そこから適宜、慎重に狙って銃撃を行う。結果は同じだが、必然的に手順が異なるのである。

協調して行動する

このため、狙撃手と通常の歩兵部隊が協力し、補完しあって任務を行うことも多い。歩兵の支援に配置された狙撃チームは、たいていは狙撃に適した場所を探してそこにとどまり、歩兵が任務を遂行しているあいだは、通常は偽装工作を施している。できるだけ安全であり、射界が良好で、できれば監視に向いた高い場所がよい。こうした有利な位置にあれば、狙撃チームは戦場の歩兵に情報を提供することができ、必要ならば支援も行える。

部隊が展開するのが田園地帯であれ市街地であれ、原則は同じだ。狙撃チームは持ち場にとどまり、歩兵が任務を遂行するあいだ、監視を続ける。歩兵の任務には、パトロールや一軒一軒家を捜索するなど移動が多いものもあれば、検問所に立つなど、動きが少ない場合もある。

敵との接触が生じる場合は、狙撃手が事前に警告したり、銃撃戦のあいだ、敵の動きを報告したりできることもある。もちろん、狙撃手が敵兵を撃って、直接支援することも可能だ。敵指揮官をみつけて排除すれば効果は非常に大きいが、敵の支援火器要員やライフル兵を撃つことでも、近接戦においては友軍部隊への攻撃を軽減することができる。

敵は、眼前の歩兵部隊ばかりに注意が向き、狙撃手の存在など頭にない可能性もある。仲間の兵士が撃たれたとしても、自分たちに向かって銃撃中の部隊にやられたのだと考えて、巧妙に姿を隠し、いるかいないかも判然としない狙撃手を探そうとはしないのがふつうだ。こうして狙撃手は、歩兵部隊の勝利に直接貢献することができる。さらに、必要に応じて航空機や砲による支援を要請し、上官に戦局を報告することも可能だ。狙撃手は、銃撃戦の真っただ中にある兵士よりも、広い視界を得ていることが多いからだ。

こうした状況では、戦闘を行うのはほとんどが歩兵部隊であり、狙撃手はその支援に回る。しかし、部隊のなか

待ち伏せの場所

ルートの「難所」では、待ち伏せや狙撃を受ける危険が大きい。敵を、狭く、視界がさえぎられる地域に誘いこみ、見通しがきかないために、隊列のほかの部分にいる仲間に効果的な支援を行えないようにするのが理想的だ。

で火器を使用するのが狙撃手だけの場合もある。たとえば友軍が、待ち伏せや狙撃を受ける危険のある地域で活動している場合は、事前に脅威を発見し、敵射手をしとめることができるのは、狙撃手だけなのである。

市街地では、こうした相互補完的作戦が地域の掌握には非常に有効だ。「地上軍」によるパトロールや検問は、治安の維持や、街がコントロールされていることを住民に理解してもらうためには欠かせない。歩兵は、建物を捜索し、反乱軍の容疑者を逮捕するといった活動が可能だが、それには現場に出ることが求められる。一方、狙撃手は、ある一定の地域で敵に恐怖感を与えて活動を妨げることはできるが、このやり方では、長期にわたってその地域を掌握することはできない。

狙撃手にできるのは、反乱軍と疑われるものの情報を収集し、現場の部隊に安全を提供することだ。街じゅうを移動するパトロールは標的になりやすい。敵狙撃手は、みつからず、反撃されにくい位置を選ぶのはほぼまちがいない。部隊を支援する狙撃手は、そうした場所を自らの監視所から監視し、敵が狙撃を実行する前にしとめるのが理想だ。

選抜射手

狙撃手が歩兵部隊に組みこまれ、必要に応じて、長距離から精密射撃を行うこともある。だがこれは、狙撃手の能力のむだづかいともいえるため、通

狙撃チームの支援

地雷除去や土木工事などの任務にあたる兵士は、敵の攻撃を受けやすい。狙撃手が監視につけば警告を与えることができる。また狙撃手は、かならず、効果的な反撃を行える位置につく。

常は、この役割は選抜射手にふられる。選抜射手は、高度なスキルをもった射撃の名手であり、ある程度は狙撃手と同じスキルをもち、訓練を受けている。しかし、真の狙撃手がもつ、専門的な隠密行動や監視のスキルは備えていないのが一般的だ。

擲弾兵や通信兵、支援銃兵として特化した兵士がいるのと同じように、選抜射手はスペシャリストの歩兵である。彼らは部隊の一要員であり、ほかの隊員と同様の任務を負っているが、非常に高性能の長射程ライフルを装備している。狙撃手には、セミオートマティック・ライフルよりもボルトアクション式を好む者がいるが、選抜射手は通常、セミオートマティック・ライフルを使用し、必要であれば速射が可能だ。

選抜射手は、歩兵のアサルト・ライフルにくらべればかなりの大口径弾を使用するのが一般的だ。射手用ライフルは、アサルト・ライフルで一般に使用する5.56×45ミリ（口径0.219インチ）弾ではなく、7.62×51ミリ（口径0.3インチ）弾を装填することが多く、このため長距離において命中精度の高い射撃を行える。また射手のライフルは通常、望遠照準器を備えている。

ソビエト陸軍と、ソ連崩壊後の武装軍は、歩兵部隊において長期にわたり射手を活用してきた。各小隊には、大半の歩兵が装備するAKアサルト・ライフルではなく、ドラグノフSVDライフルをもつ兵士がいる。仲間が一丸となって敵軍と交戦中に、敵の無線通信士や将校といった重要度の高い標的を狙撃することが、射手の任務である。

ソビエト以外の軍は、選抜射手という考えを取り入れるのが遅かったが、今日では、歩兵がもつ重要な能力となっている。交戦距離が通常よりも長いアフガニスタンでは、長距離射撃の重要性が証明された。大半の軍において、火器と訓練の多くは近接戦闘に対応したもので、ほとんどが市街戦を想定しているため、アフガニスタンの山岳地帯での待ち伏せに対処するには効果を上げられない。ここでは、ロケット推進式グレネードで武装した反乱軍兵士を狙い撃つことは、とりわけ重要な任務なのである。

安全支援任務

狙撃手は、予測のつくルートを移動する部隊を守る任務も行う。パトロールや車列が目的地に向かう途中で狙撃チームを降ろし、チームが適切な監視所を設営することもある。敵が爆弾をおいたり待ち伏せしたりすれば、狙撃手は危険を知らせ、状況しだいでは交戦も可能だ。そして車列が基地にもどるときに狙撃チームをひろうか、ほかの部隊に回収してもらう。

狙撃手はまた、警備作戦も分担する。基地や防衛地帯内、あるいはその外の要所に配置されるのだ。その多くは、不測の事態に備え、道路や広大な砂漠の監視を延々と続けるという退屈な任務だ。ときには、狙撃手のスキルが奏功して疑わしい行動を見破り、変装した敵兵が基地を偵察しているのを発見するようなこともある。だが狙撃手は「万が一に備えて」そこにいるのであって、なにも起こらないことのほうが多いのだ。

中隊射手《マークスマン》の火器

中隊の射手は狙撃手ではないが、射撃の腕はすぐれている。高性能のライフルを装備した射手は、中隊における有効な交戦距離を大きくのばす。イラストは、過去30年に、射手のライフルとして広く使用されてきたものだ。

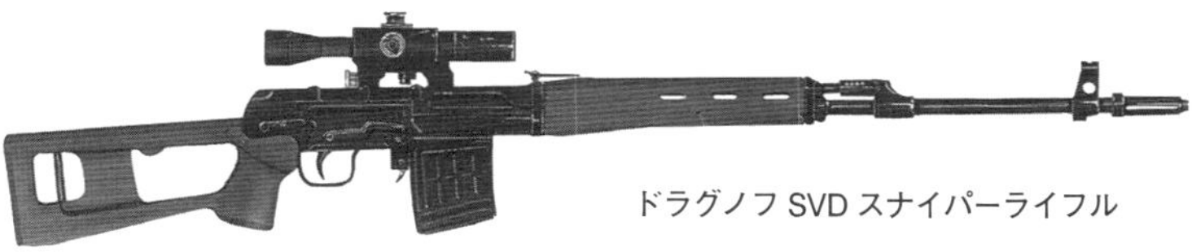

ドラグノフ SVD スナイパーライフル

M14EBR

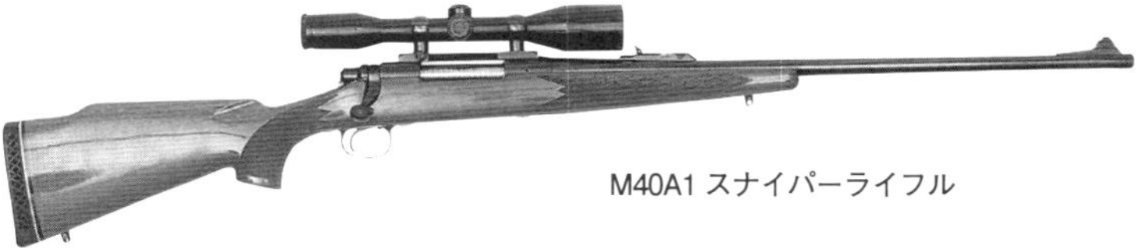

M40A1 スナイパーライフル

しかしときには、仲間を援護して力を貸すこともある。門衛、検問所その他の警備任務には、予想される攻撃に対して十分な要員を配置できるわけではない。つまり、事が起これば、警護につく者は、少なくとも支援部隊の到着までは、あるだけの乏しい武器で対処しなければならない可能性がある。こうした状況では、狙撃手による支援の有無で、まったく違う結果になるのである。

検問所や基地の門衛などの警備任務への攻撃は、さまざまな形をとる。兵士や車両による自爆や、大規模攻撃、迫撃砲、そしてもちろん狙撃もある。狙撃手が迫撃砲の標的ちかくに配置さ

安全確保のための監視

狙撃手は、長時間にわたり重いライフルを支えなければならず、また発見される危険を小さくするために動きを最小限にとどめることが望ましいため、維持するのが楽な姿勢をとる。イラストの姿勢が、実際に楽かどうかは不明。

れている場合は、遠く離れた迫撃砲手に対してできることはあまりないが、砲弾の落下地点を報告する観測手の排除なら可能なこともある。さらに、適時、適切な射撃によって、攻撃を阻止できる場合もある。自爆攻撃には、この支援はとりわけ重要だ。爆弾を運ぶ人や物の無力化を早く行うほど、友軍兵士が損害をこうむる危険は小さくなる。

防御および攻撃的任務

狙撃チームが友軍の支援に配置される場合、その任務は防御が中心であり、最低でも攻撃と防御は半々だ。状況によっては標的とする相手と交戦するかもしれないが、多くの場合、歩兵を支援し、敵の機関銃兵や狙撃手などの脅威から守るのが任務だ。狙撃チームの主要な役割は歩兵部隊の護衛と支援であるのが一般的で、交戦については、護衛任務に優先すべきものであるか、かならず検討しなければならない。

一方、友軍から遠く離れて配置につくチームは、攻撃に特化した任務であることが一般的だ。敵を一掃してその地域を守ることが目標であっても、この場合は、狙撃チームは友軍の支援にはかかわらない。狙撃手は敵と戦うのだ。この手の任務では、敵の重要人物を慎重に殺害したり、敵の拠点や監視所を排除したり、そしてもちろん対狙撃作戦を行うのである。

狙撃チームがこのように独立して作戦を行う場合、任務遂行のために最適な方策の選択は狙撃手自身に任されている。標的領域に到着してしのびよるまでに長時間を要したとしても、最終的に、狙撃手は、歩兵部隊には不可能な任務を遂行することができるだろう。

検問所の支援任務

強力なライフルを装備した狙撃手は、一発でエンジンを止め、検問所のはるか手前で車を停止させることも可能だ。車両に爆薬が積んである場合や、乗っているのが、敵か、たんにおびえている人物だけなのか判然としない状況では、これは非常に重要なスキルだ。

たとえば、敵の監視所が険しい地形にあれば、かなり大規模な部隊であたらなければ取りのぞくのはむずかしいだろうし、監視所の守備が厳重な場合、死傷者がでる危険もある。だが狙撃チームなら、長距離から監視兵を狙撃したり、警備兵をやり過ごしてしのびより、近距離から射撃したりすることも

可能だ。

選抜射手が歩兵部隊の一員であるのに対して、狙撃手は、通常は狙撃手の小隊としてまとめられている。しかし小隊がまとまって配置されることは、あったとしてもごくまれであり、これは管理手続き上の小隊だ。狙撃チームは必要に応じて、独立して任務についたり、他部隊を支援したりすることが可能なのである。

狙撃手をこうした形で管理すれば、訓練や装備の維持が容易になり、その特異な性質を理解する人物が狙撃部隊を指揮できる。狙撃手の思考は一般の歩兵とは異なり、歩兵にまじっては本領が発揮できない。チームで行動する歩兵と「一匹狼」の狙撃手のあいだに摩擦が生じることは望ましくない。狙撃手の組織や指揮についてはほかにも原理原則はあるが、まとめれば、狙撃手は弾力的対応が可能な要員であり、スキルを十二分に発揮するためには十分な自己裁量を与えなければならない。このため、軍の組織においては、その働きをしばるような固定的な位置づけになってはならないのである。

第3章

狙撃手は、危険な容疑者を確保するさいにも大きな役割を担う。状況しだいでは、そばにいる人を危険にさらすことなく、危険人物を射殺する。

警察の狙撃手

「狙撃手」という言葉は警察、軍の両方で用いられるが、警察の狙撃手の役割と作戦の進め方は、軍の狙撃手とは異なる部分がある。警察の射手も標的とする相手から見られないようにはするが、軍の狙撃手のような隠密行動や偽装工作を用いることはめったにない。事態が進行中に、ときにはおおっぴらに配置につくほうが一般的だ。狙撃手が配置されたことを犯人に知らせ、投降に追いこむ心理作戦をとる場合もある。

警察の狙撃手が安全対策に用いられることもある。たとえば、VIPの通行予定ルートにおかれるのがそうであるし、人質事件の対応策として投入されることもある。通常は、標的まで見通すことのできる高い位置につき、偽装工作や対狙撃という面にはあまり気を配る必要がない。犯人が狙撃手と最後まで撃ち合う気があり、そうなってもおかしくない状況になると、非常に深刻な事態といえる。

警察の狙撃手の役割は軍の狙撃手とは異なり、法執行を担うほかの警官と緊密に作戦を行い、交戦規則に厳密に従う必要がある。

姿を隠した容疑者

銃による対応が必要な犯罪をしでかして身をひそめた者は、狙撃手の出動を察している場合が多い。しかし犯人は、射手が配置されそうな場所がわかりはしても、それに対してなにも手を打てないのがふつうだ。多くは包囲されるだろうし、さっさと逃げている可能性もある。犯人の位置を確認したら、それに応じて狙撃手が配置され、さらに犯人の選択肢は狭まる。狙撃手が出口をカバーできる位置にいれば、逃亡は不可能にちかい。

警察の狙撃手が殺傷力の高い火器を使用する権限を与えられるのは、非常に特殊な状況の場合だ。宣戦布告された戦争におもむいた軍の狙撃手は、敵に自由に攻撃できる。敵兵が友軍や一般市民にとって切迫した脅威であるかどうかは関係ない。しかし警察の狙撃手は、平和維持任務についた部隊と同じく、交戦規則にしばられているのである。

ヘッケラー＆コッホ G3SG-1 スナイパーライフル

G3SG-1 スナイパーライフルは、ドイツ製の非常に強力な G3 歩兵ライフルをベースとしており、おもに、ヘビー・バレルと改良したトリガー・グループを用いた点が異なる。二脚が標準装備の G3SG-1 は、複数の国で警察の狙撃班や特殊部隊に使用されている。

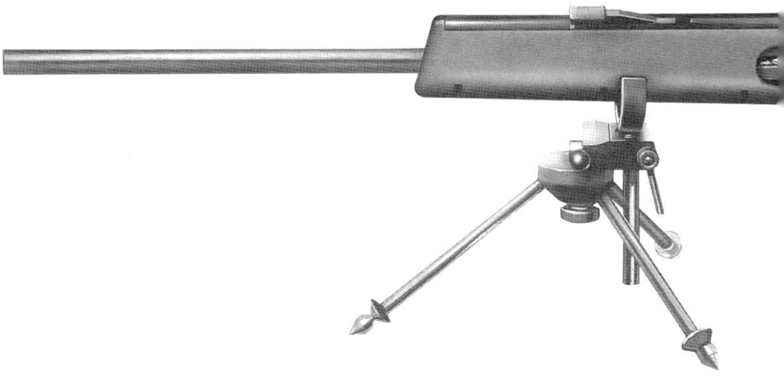

最後の手段

警察の狙撃手が射撃を許可されるのは、通常は、自身や同僚警官、その他の人々に危険が迫っており、それから守る場合だ。暴力行為におよぶのが確実な危険人物の逃亡を阻止するケースもある。軍の狙撃手にとって射撃は任務の中心にあるが、警察の狙撃手は、できれば暴力を用いずに犯人を逮捕しようとするチームの一員だ。このため、つねに、射撃は最後の手段となる。

一般に、警察の狙撃手は市街地で任務につき、標的からの距離もせいぜい100メートルであるため、いくつか独特の問題も生じる。すでに述べたように、射撃を行うまさにそのときに、銃撃に正当性がなければならない。紛争の相手でありさえすれば正当な標的と

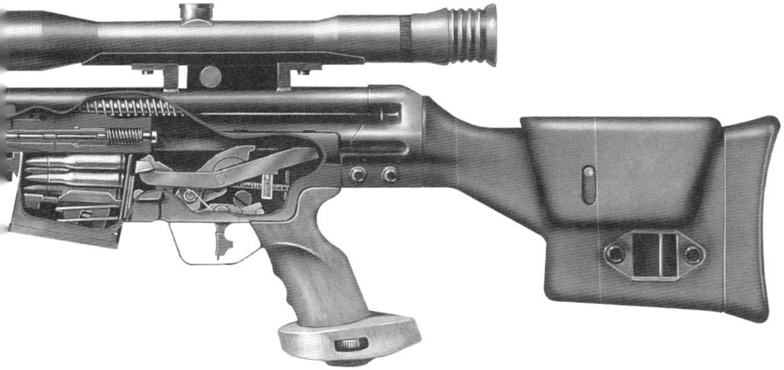

リー・エンフィールド・エンフォーサー

警察向けのエンフォーサーはリー・エンフィールド Mk4 歩兵ライフルの改良型であり、軍用の L42A1 と同じライフルをベースにしている。ストックとグリップの仕様などに違いがある。

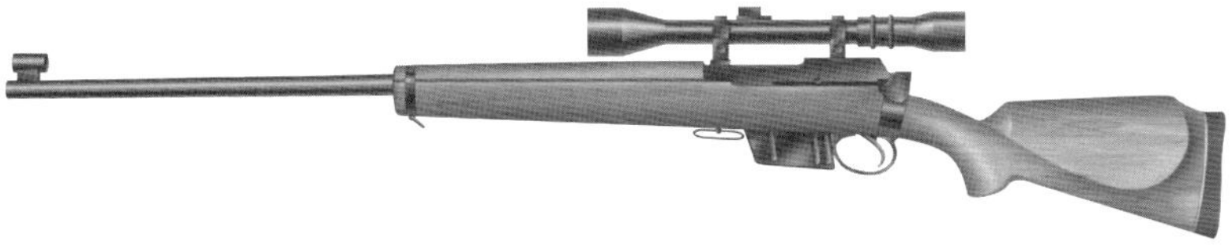

なるため、敵だと明らかな相手を撃つのとは違うのだ。

さらに、標的を貫通すれば、銃弾の行方にまで気を配らなければならない。また、窓ごしや、人質を避けて撃たなければならない場合もある。

人質がいる状況では、人質と犯人とを見分けなければならず、犯人が監視の目をあざむく策をとっていない場合でも、これは簡単ではない。おそらく、狙撃手は犯人を長時間監視することになり、それは退屈で疲れる作業だ。それを経て、撃つか撃たないか、だれを狙うかを瞬時に判断しなければならないのだ。

情報収集

警察の狙撃手は、撃つよりも犯人の監視に費やす時間のほうがはるかに長く、軍の狙撃手と同じく、情報収集要員として投入されることも多い。高い位置にいる狙撃手は、現場の警官よりも多くのものが見え、状況が変化しそうなときは、いちはやく知らせることもできる。犯人になにか動きがあったり、警察の非常線の外からあらたに人が入ってきたりすれば、狙撃手から報告が行くはずだ。

一般に、射手は、標的の行動に反応して撃つ。つまり、タイミングを失しないためには、状況を評価し、狙い、撃つまでにはごく短い時間しかないということだ。躊躇やミスショットは警官や人質の殺害につながりかねず、非常に正確な射撃が要求されることが多い。たとえば、犯人が人質に銃をつきつけていれば、犯人を即座に殺害し、

SWAT《特別機動隊》チーム

追いつめられた犯人は、警察の狙撃手から身を隠すことはできても、攻撃を逃れることはできないだろう。可能なかぎり状況を把握してから突入チームは任務を遂行し、事態を収拾する。

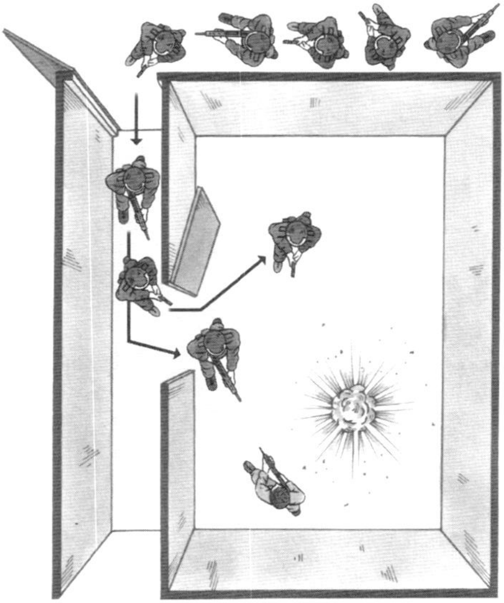

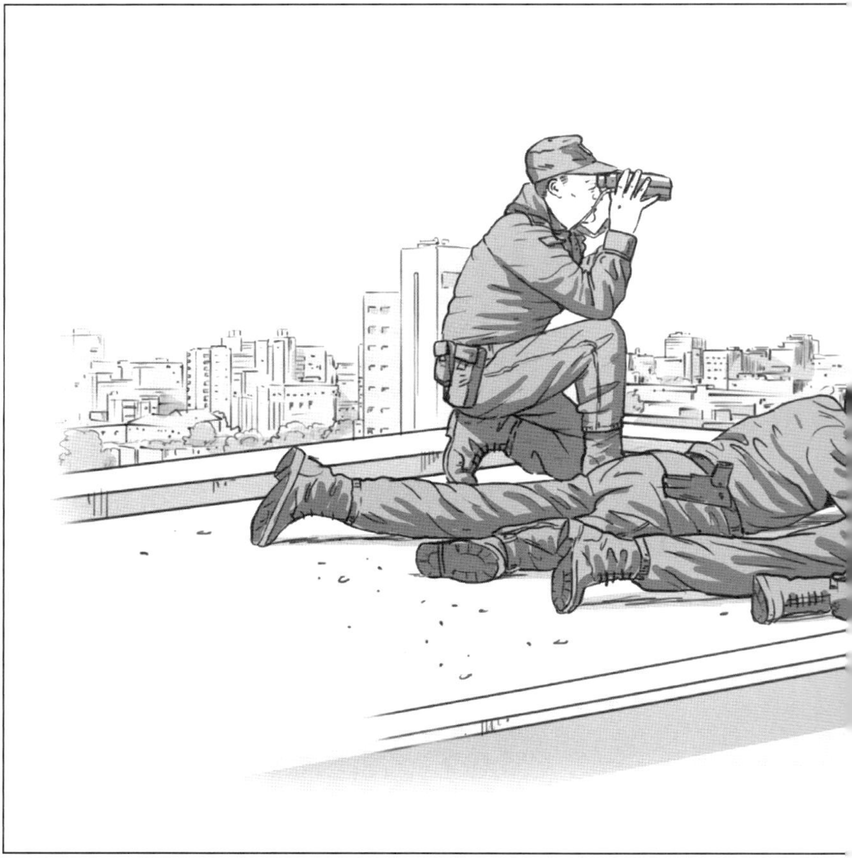

引き金をひけないようにしなければならない。頭部や脊椎などごく小さな部分を狙って撃つ必要があり、これは距離には関係なく非常にむずかしい仕事だ。

警察の狙撃手は、危険な動物やさまざまな物体など、人以外のものを撃つよう要請されることもある。多いのが、強力なライフルでエンジンを狙い、車両を停止させる任務だ。アメリカ沿岸警備隊（軍と警察双方の性質を備えた組織）はこのテクニックを用いてエンジンを撃ち、麻薬運搬が疑われる船を停船させた実績がある。車中の人への射撃は正当化されなくとも、車両への攻撃なら認められる場合もあるが、移

人質救出

人質事件解決のための交渉中に、事態の悪化を防ぐために狙撃チームが配置されることもある。犯人が人質に危害をくわえようとすれば、狙撃チームは即座に動いて命を救わなければならない。単調な監視任務から決然とした行動へと、瞬時に切り替えるのは非常にむずかしい。

動中の車両を大口径のライフルで攻撃するときは、狙撃手は細心の注意をはらわねばならない。

警察の狙撃手

一般に、警察の狙撃手は比較的短距離から射撃を行い、軍の狙撃手とは違って、隠密行動や偽装工作には気を配らずにすむ場合が多い。しかし、ゴミゴミした市街地で任務を遂行しなければならず、周囲の一般市民のことをつねに考慮する必要がある。

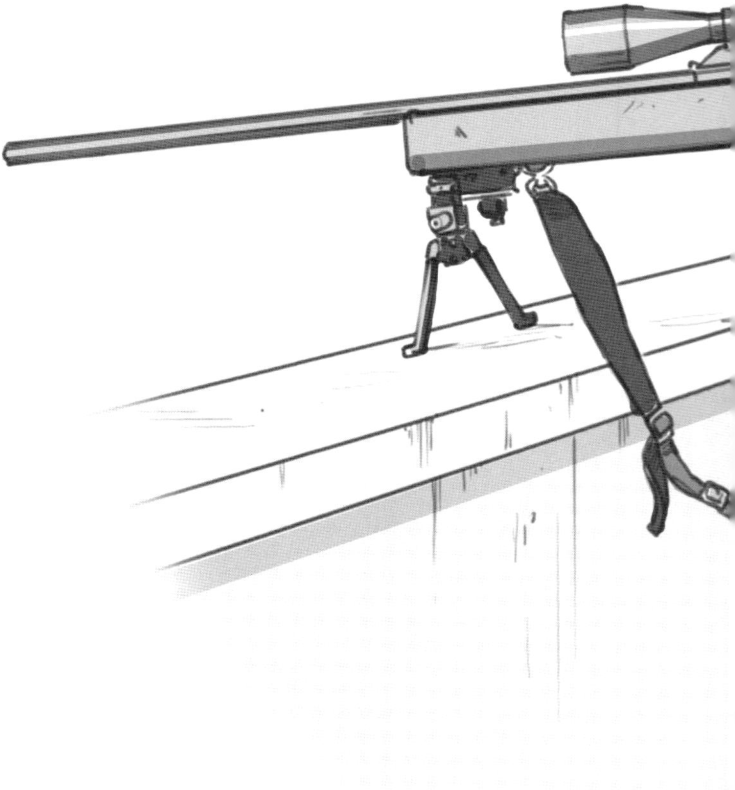

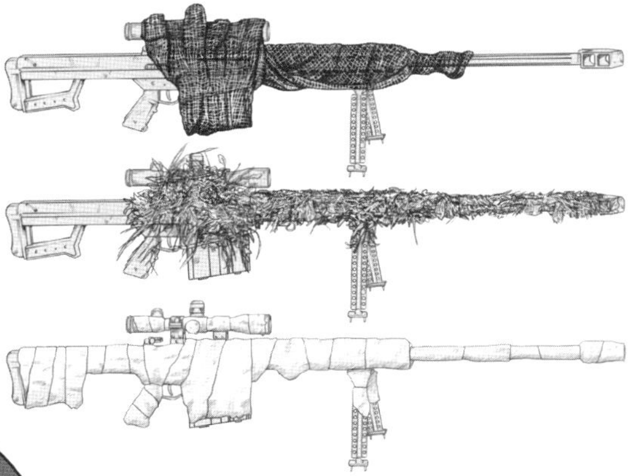

第4章

狙撃手選抜の条件は、優秀な射手であればよいというものではない。狙撃手にふさわしい思考と精神状態であることが必要だ。そうでなければ、任務は遂行不可能である。

狙撃手の選抜試験と訓練

現代の武装軍の大半が、おおまかには同じような方針のプログラムで狙撃手を訓練している。狙撃手の才能がある者は、ほかの任務で能力を認められて養成学校に入る。その大半は歩兵であり、養成学校に入るための選抜試験は厳しく、また、大部分が養成課程を終えることができない。

修了した者は狙撃手になり、できなかった者は出身部隊にもどるが、新たな知識と経験を豊富にもち帰るため、軍全体のレベルを引き上げる。このため、養成学校は狙撃手を生むためのものだけに終わらず、歩兵のスキルを向上させるすぐれた拠点でもあるのだ。

すぐれた狙撃手は偽装工作にたけていなければならない。自分を探している敵に、どう見えるかを思い描けることが必要だ。

適性

狙撃手の訓練に参加を認められるためには、適性があることを証明しなければならない。射撃にすぐれていることはもちろんだが、監視を怠らず、それをもとに正しい判断を行う能力も必要とされる。さらに、賢明で自信がなければならない。監視し報告して、命令を待つだけではすまないことも多い。自身の監視にもとづいて最善策を決め、それに応じて自身でプランを立てなければならない。狙撃手は、判断しだいでは自分と他人の命を危険にさらす。

そのため狙撃手志願者は、さまざまな状況下で十分な確信をもってベストな決断をくだし、それに応じて断固として行動することが不可欠なのである。

必要なスキルと心理的特性を欠く者は、通常は志願の段階ではねられる。どうにか養成学校に入れたとしても、あるいは、楽に終えられると思っているような者は、長くとどまれることはめったにない。養成学校に入る者はみな、すでに高いスキルを備えている。しかし訓練はレベルの高いスキルを基

スコープを使用する

標的に十字線を合わせれば命中するというものではない。距離がぴったりであっても、望遠照準器は銃がどこを狙っているかを示しているだけだ。照準の調整には、風、湿度、気温のすべてが必要だ。

盤として行われるのであり、平均よりもはるかに高い能力は、訓練参加に必須の要素であって、成功へのチケットではないのだ。

狙撃手養成の課程は苛烈だが、時間がかぎられているということだけがその理由ではない。狙撃とは極度のストレスと、動かずに待機することとの組み合わせといえ、たいていの人はこれにうまく対処できない。ストレス処理には、動いて発散するのが一番だ。しかし、じっとパトロールをやり過ごし、射撃の好機を待つことができない狙撃手は、どうみても狙撃には成功しない。

志願者がこなすべき課題はますます困難なものになっていく。そして厳しい訓練をクリアしても、その報酬として与えられるのは、不可能にちかい課題なのである。

トップレベルの志願者でさえもスキルの習得はむずかしく、志願者の決断力判定にしても非常に厳しい。すぐれた狙撃手は静かに任務を遂行し、次の仕事に向かう。その多くは、目撃されることも、称賛されることもない。正当な評価を得られないといって不満を抱くような者には、狙撃手としての適性はないのである。

技術と知識

狙撃訓練では、技術と知識の習得が大半をしめる。狙撃手は、ライフルや付属品のメンテナンスと並び、通信装備の操作もこなさなくてはならない。風や湿度、気温、重力が射撃におよぼす影響も理解していなければならない。スペシャリストは、ガラスをはじめ、銃弾で撃ち抜く場合の物質ごとの違いを知り、遮蔽物が銃弾をくいとめる力を判断できることも必要だ。こうした知識の有無が、射撃を行うべきかどうかを瞬時に判断する能力に影響するのだ。

さらに、航空機の支援要請から監視

「精神異常者ではない」

狙撃手の選抜は、殺人だけにしか興味のない「精神異常者」をはねるためのものでもあり、これをすり抜けたとしても、厳しい規律の訓練を最後まで終えることは不可能だろう。殺人という凶暴な行為に走る精神異常性は、狙撃手の思考とは対極にちかいものだ。狙撃手に求められるのは、冷静かつ正確に行う客観的な仕事なのである。

塹壕タイプの監視所

塹壕タイプの監視所は、地面を掘って造る。監視要員が数人入れる空間を確保し、砂嚢をおいたりビニールシートを敷いたりして構造強化と防水を施す。そして頑丈な木造の屋根をつける。

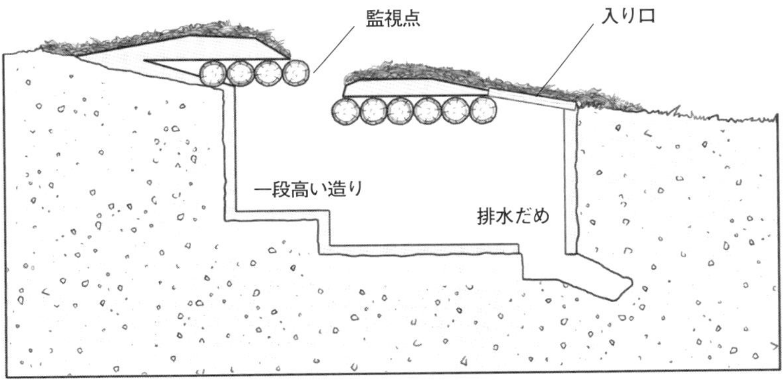

の報告まで、手順を完璧に学んでいなければならず、その相手が、自分の所属する親部隊ではない場合もある。自軍の作戦行動を理解しておけば、自分のいる地域での友軍の行動を予測し、その支援にはなにをすれば最適かを判断するさいに役立つ。裏をかくときには、一般的な探索テクニックを知っておくことも欠かせない。さらに、行動や記章、全般的な特徴から重要人物を見分け、また敵装備を確認して、見たものを明確かつ正確に報告できることが必要だ。

フィールドクラフト

狙撃手は、フィールドクラフトも学ぶ。姿を見られず、周囲に目を配りつつ、戦場で作戦を遂行する能力だ。潜伏場所を作るといったわかりやすいスキルはもちろんのこと、光と影の相互作用や、人間の目が模様や形を認識する能力を理解しておくことも必要だ。脳が形を認識し、それに応じてイメージを組み立てるプロセスを理解しておけば、それをあざむくことができるし、少なくとも、監視者の注意を引くような明白な手がかりを残すことはない。

光と影を利用する

影は狙撃手やさまざまなものを隠してくれる。しかし影ができれば、ない場合にはうまく偽装できたものを人目にさらすことにもなる。狙撃手は、つねに自分の背後になにがあるか、どう光があたるかに気を配っている。自分の影がくっきりとできれば、光に照らされるのと同じくらい自分の存在を明かしてしまう。

これを応用したのが遮蔽と隠蔽の原則であり、頭やライフルの形を目立たなくする工夫もできるようになる。狙撃手は、ギリー・スーツなどのカムフラージュを利用し、自分を背景と同系色にして、見分けがつかなくする方法を身につける。また、周囲に溶けこむため、カムフラージュに利用する植物

背景に溶けこむ

開けた土地にいる場合でも、人の形を周囲に溶けこませて偽装することは可能だ。フェンスや線路といった直線のものがあれば、それに手足をそわせて横たわれば、敵の目をあざむくこともできる。

の選び方も学ぶ。

これとは逆に、狙撃手志願者は、距離の測定と、カムフラージュを施した人や物の見分け方も学ぶ。さらに、自分たちをみつけようとしている観測手にしのびよる《ストーキング》訓練もいくどか行う。こうした訓練では、緻密な観察を行う習慣を身につけるだけではなく、自分の位置や存在を知られないための策も学べるのである。

精密射撃

もちろん、狙撃手はさまざまな状況でさまざまな距離から、正確に射撃を行う訓練もする。狙撃手は、動いている標的に対して本能的に正確な「リード」をとることができなければならないし、長距離射撃を行う場合には、銃弾が標的に到達するのに数秒要するという事実も把握しておく必要がある。これにはかなりの訓練を要するが、こうしたスキルを使えるようになる前に、狙撃手はまず、さまざまな姿勢から正確に撃つ技術を学ばなければならない。

正確な狙撃ができるかどうかは、狙って撃つまで、微動だにせずライフルを構え続けられるかどうかに大きく左

ライフルの形を目立たなくする

ライフルには直線部分が多いが、自然には直線はほとんど存在しない。網や袋、葉でライフルの輪郭をあいまいにし、木の枝やその他自然にあるものに似せることができる。

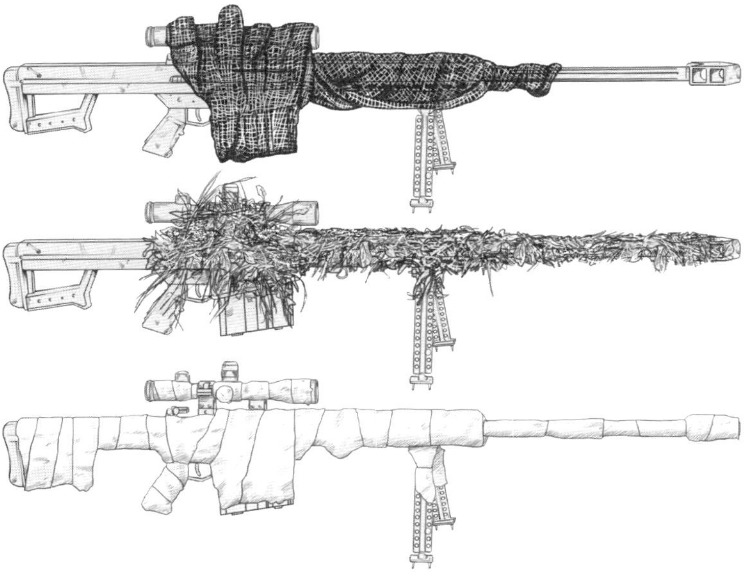

右される。狙撃手は、身体や固いもの、地面を使うなど、さまざまなものを利用してライフルを支える方法を学ぶ。呼吸もコントロールしなければならない。呼吸による胸の動きは、ライフルが標的からずれる原因にもなるので、狙撃手は、射撃態勢に入るときには半ば息を止めておくことも教わる。しかしその結果、血液中の酸素が不足するとライフルが震えはじめ、それまでの時間はかなり短い。熟練の狙撃手なら、きわめて正確に撃てるタイム・リミット（わずか数秒だ）と、この間に撃つか、やめて仕切りなおすかを本能的に

トリガーをしぼる

狙撃銃はトリガーの動きが非常にスムーズだが、ぞんざいにトリガーを引くと、発射の瞬間、銃をひっぱってしまう。狙撃手は、トリガーを引くというよりもしぼるといったほうがちかい。指の腹をあて、トリガーにかけた指だけが動くようにし、息さえも止めて、射撃の妨げにならないようにする。

判断する。

射撃の手順の訓練はきりがなく、トリガーの正しい引き方なども身につけなければならない。これは一見細かいスキルだが、実際には非常に重要だ。トリガーを引くときは、とにかくライフルのほかの部分が動いてはならず、「ひったくる」ような撃ち方をしてはならない点も教わる。射撃の訓練では、狙撃手の訓練の多くと同じく、射撃につきもののアドレナリンと緊張に影響を受けないこと、またつねに、無意識に完璧な射撃を行えるようになることを学ぶのである。

テストされる

狙撃手志願者がトライするものに観察テストがある。さまざまな軍用装備が偽装を施されているので、制限時間内にこれを発見しなければならない。ストーキング《しのびよる》術の訓練も修了しなければならない。認定を受けた正式な狙撃手のチームが自分を発見する役につき、その陣地付近に潜入するテストを受けるのだ。志願者は発見されずに、空砲で２発撃つことに成功する必要がある。この最後のテストは、悪夢のようなシナリオだ。狙撃手は「敵」に通常よりも接近して任務を行わなければならず、その敵とは、自分のすることはすべてお見通しのエキスパートのチームなのだ。相手には、自分がいることも、なにをしようとしているかもわかっている。こうした状況下でうまく立ち回れる者なら、狙撃手と認められ、訓練コースを修了するだけの力が備わっている。もちろん、これが訓練の終わりではない。どの軍でも、指導役の熟練狙

観察テスト

狙撃手は、一般人の能力をはるかに超えたレベルの観察力を備えているかどうか、日常的にテストされる。これは狙撃手自身のスキルを磨くだけではなく、敵が監視側の場合、どのように見え、なにを見落とすのかを理解するためのものでもある。

撃手と新人をペアにして実地訓練を続け、新人がそれを次の世代に引き継げるようになるまで育てるのである。

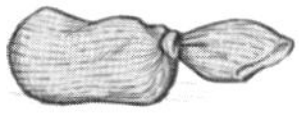

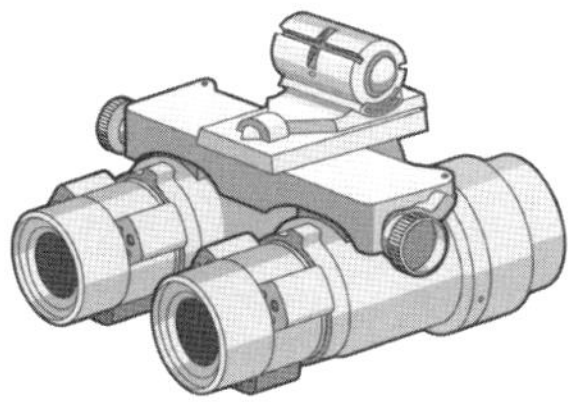

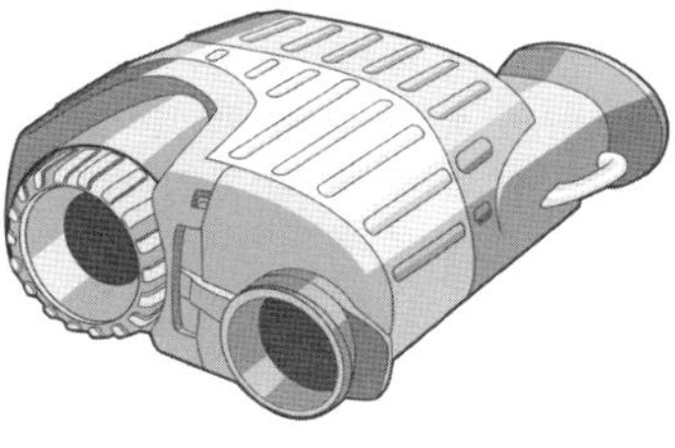

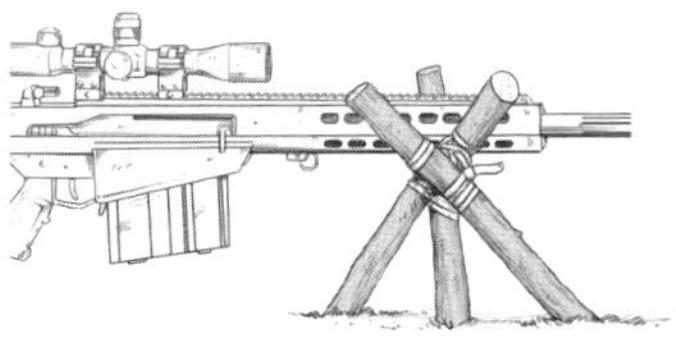

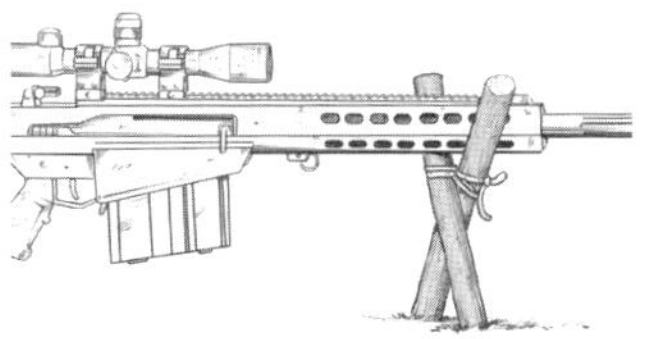

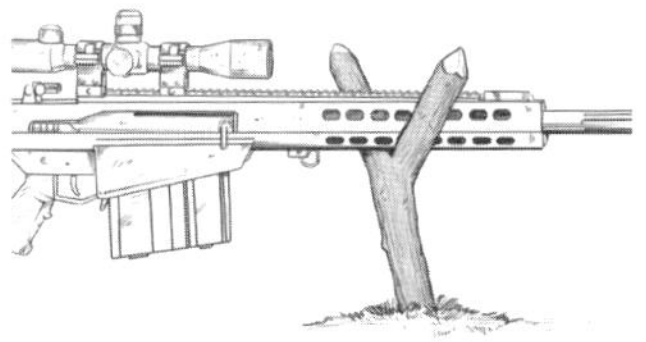

第**5**章

狙撃手はさまざまな装備を利用する。精密機器もあるが、多くは、戦場で工夫されるものだ。

狙撃手の装備

狙撃手の装備の多くはごくふつうのもので、従来の歩兵の装備と大きな違いはない。水、食料や、ナイフや食器といった基本ツールが必要な点では、狙撃手も同じだ。任務中には、ボディアーマーやヘルメットは身につけていないことが多いようだが、これは役に立つというよりも邪魔になるからだ。狙撃手は近接した銃撃戦に巻きこまれないように気をつけており、アーマーではなく、偽装工作や敵と接触しないことで身を守るのである。

狙撃手はさまざまなものを利用し、命中精度を高め、偽装工作を強化する。付近にある木の茂みを利用して、見事なカムフラージュを施せることは多い。

狙撃手は、ライフルのほかに光学装置を装備しているのが一般的で、これを使って標的を発見したり、通常の偵察を行ったりする。シンプルな双眼鏡もあれば、アメリカ陸軍が使用する20倍のスコープのような、高機能な装置が使われることもある。夜間に標的を発見するさいには熱線映像装置を利用したり、姿を見せずに頑丈な遮蔽物ごしに監視する場合には、展望鏡を使用したりする。

カムフラージュ

カムフラージュ用の装備もまた非常に重要だ。狙撃手の戦闘服や頭をおおう帽子やベレーにはカムフラージュ用

ヘルメットのカムフラージュ

ヘルメットに植物をつけることで、頭の形を目立たなくすることができる。こうしたカムフラージュの大事なポイントは、植物の鮮度を保ち、移動する土地にぴったりのものを選ぶことだ。

の模様をつけ、少なくとも目立たない色を塗る。カムフラージュは、その場その場で手をくわえることが可能だ。たとえば頭や肩に小枝をつけて輪郭をぼかしたり、狙撃手の服に適当に植物をつけたりするのだ。

ギリー・スーツ

あらゆるところで使えるというわけではないが、多くの狙撃手がギリー・スーツを利用する。ギリー・スーツは、端切れをつけたゆったりとした服であり、布きれの動きや垂れ方も自然で、植物をよくまねている。ギリー・スー

顔のカムフラージュ

イラストのように、顔にカムフラージュを施す「まだら」模様は、温帯落葉樹のある地域や、砂漠や乾燥地帯、あるいは雪の多い背景には理想的だ。色の濃い部分を多くしすぎるとカムフラージュがかえって目立ってしまうので、気をつけなくてはならない。

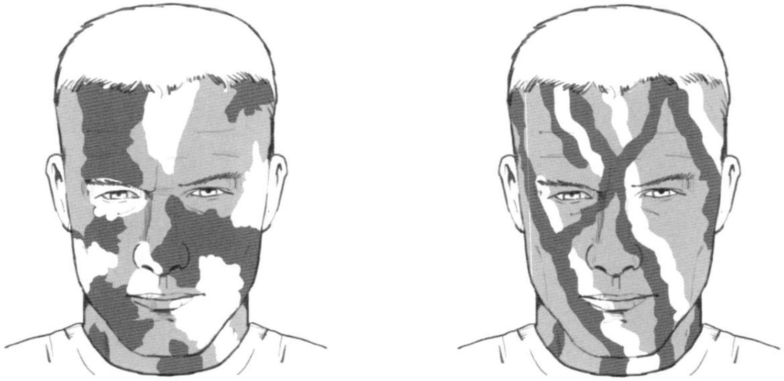

ツは使う環境に合わせて作らなければならないので、基本となる色は共通だが、それにさまざまな色や形の端切れをつけることになる。単色の大きな塊は、人のようには見えなくとも、注意を引くだろう。そのため、ギリー・スーツには自然な色の組み合わせを用い、その地域の草木や自然にあるもの、影と同化させなければならない。狙撃手が、移動中にその地域の植物をつけたして手をくわえることもでき、そうすれば、通過中の土地の環境にぴったり合わせることになる。時間がかかり、移動は遅くなるが、これは非常に効果的なカムフラージュ法だ。

ライフルの偽装工作

狙撃手自身がどれほどうまくカムフラージュしても、ライフルを隠さなければなんにもならない。直線は自然には存在しないため、目を引く。このため狙撃手は、自分のライフルにカムフ

現代のギリー・スーツ

　ギリー・スーツは狙撃手をあいまいな形に変え、すぐには人だと識別できなくなる。しかし、ライフルにカムフラージュを施していないと、なんの役にも立たない。茂みがライフルをもっていれば、すぐにその正体を突き止められてしまう。

ラージュを施し、その輪郭を目立たせないようにする必要がある。ライフル（狙撃手が携帯している金属製のものはすべて）が光ったり、光を反射したりするのは論外で、周囲に合った色に塗ることが多い。そのうえで、スクリムネットやぼろ布でライフルの輪郭を隠すのである。

熱線映像装置

熱線映像装置は、現代の狙撃手が直面する大きな脅威だ。従来のカムフラージュでは体温が放つ「輝き」を隠すことはできず、狙撃手はかんたんに発見されてしまうこともある。とはいえ、対抗策はある。狙撃手が発する熱を大部分カットするスペシャリスト用の素材があり、これで発見される危険はかなり小さくなる。また、配置の場所を選ぶといった簡単な方法でも熱が発するシグナルを小さくすることは可能だ。この装置は、固い物体を通して検知することはできないからだ。

火器

狙撃手は、支援火器を携帯する場合もある。通常はピストルなどのサイド

サイドアーム

狙撃手の大半は、緊急用に、多くは装弾数が多い９ミリ口径のピストルを携帯している。ボルトアクション式ライフルでは近接戦向けの射撃能力を欠くが、だからといってピストルを使うほうがずっとましだというわけではない。狙撃手がサイドアームを手にするようなときは、非常に深刻な事態に陥っているのだ。

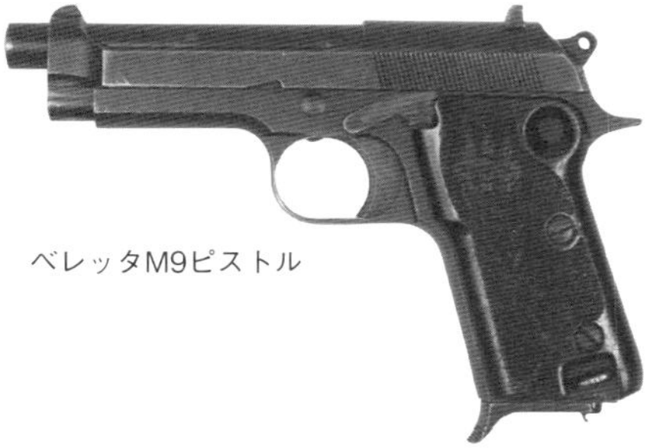
ベレッタM9ピストル

シグザウエルP228ピストル

アームだが、カービン銃やサブマシンガンももつ。狙撃手と行動を共にする観測手は、通常、アサルト・ライフルを装備している。軍によっては、観測手にもスナイパーライフルをもたせたがる。狙撃手として働ける人数が実質２倍になるという前提にたってのことだ。しかし多くは、狙撃手と観測手との役割は異なるという考えであり、近接戦が生じた場合は、パートナーが自動銃やグレネード・ランチャーを備えていたほうが、第２の狙撃手よりもうまく援護できるとされている。

スナイパーライフルのタイプ

セミオートマティックとボルトアクション式のスナイパーライフルのどちらが好ましいかについてはさまざまな議論がある。ボルトアクション式が、非常に長距離からの狙撃にすぐれている点はまちがいない。一方、セミオートマティックは、複数の標的に対し迅速な攻撃が可能だ。

アキュラシー・インターナショナルL96A1スナイパーライフル

ボルトアクション式ライフルとセミオートマティック・ライフル

狙撃手は、スペシャリスト用のライフルを装備する。従来はボルトアクション式ライフルが用いられてきたが、今日では、セミオートマティックを使用する動きもある。どちらにも論ずべき点はあり、どちらが最適かについてはそれぞれ考えを異にする人々がいる。とはいえ、これまでボルトアクション式ライフル採用の根拠とされてきたが、今日では意味をなさなくなっているものがあるのも事実だ。たとえば、セミオートマティック・ライフルは通常は

M39マークスマン・ライフル

ライフルは、ある程度任務に合わせて選べるが、しかし、一番重要なのはライフルではなく、狙撃手だ。狙撃手は、自分が最高の結果を出せるライフルを携帯する。ほかの狙撃手ではなく、自分にとってどうかが重要なのである。

歩兵向けに大量生産されたもので、平均的な兵士には十分な精度なのだが、狙撃には理想的とはいえなかった。

ライフルは、ゼロから高性能のものを作り上げる場合もあるが、すでに使用されている機種のなかから命中精度の高いライフルを探すほうが一般的であり、非常に高性能の一般向け狩猟用ライフルが使われることが多い。その結果、スナイパーライフル採用にあたっては多くの場合、軍の調達システム以外から取り入れたボルトアクション式ライフルをベースにしたものが、少数導入されてきた。

だが今日では、こうする必要はない。ボルトアクション式ライフルとほぼ同程度の精度をもつセミオートマティック・ライフルの製造が可能なのである。ただ一点問題はある。セミオートマティック・ライフルには、発射時に作動する可動部がある。弾がまだ銃身内を前進中に、動きは生じる。このガス・ピストンやボルトの動きは小さいものだが、ライフルの重量配分や内部運動量が変化することでもある。非常に長距離の射撃にかぎられはするが、ライフルを発射するときに、照準点にごくわずかに影響をおよぼすことがあるのだ。

一方、ボルトアクション式ライフルは、ボルトが閉鎖、ロックされているライフルを、射手が操作して発射する。照準点を妨げる動きはなく、なにより、発射済み薬莢の自動排出がない。セミオートマティック・ライフルは、銃弾の発射時にぴかぴか光る金属製の薬莢をはき出す。これが太陽光にあたって光ったり、飛び出したときに発見されたりすれば、安全なはずの茂みもそうではなくなる。

狙撃手が居場所を隠しておきたければ、発射済み薬莢を回収する必要もあるだろう。そうすれば、パトロールに射撃陣地を発見されたり、待ち伏せさ

アキュラシー・インターナショナルAS50

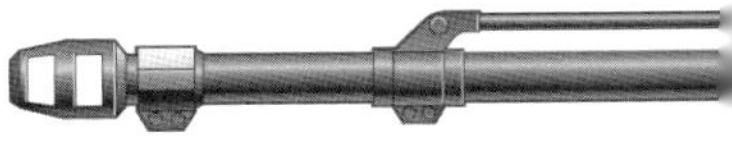

れたりするのも防げる。狙撃手は同じ場所を繰り返し使いたがらないが、選択の余地がない場合もある。薬莢をみつければ、敵は少なくともどの部隊が狙撃手を送りこんでいるか推測できるし、敵がそれ以上の情報を得られなくとも、望ましいことではない。発射済み薬莢を回収しなければならないのもこのためだが、そうすると、じっとひそんでいたいときにも、狙撃手はいくらか動かなければならなくなる。一方、ボルトアクション式ライフルなら、薬莢は手で取りのぞき、ゆっくりと静かに行うことができる。しかし、操作するには手をライフルから離す必要があり、これによって照準がずれ、また射撃の間隔が長くなる。たとえば複数の敵と交戦していたり、移動中の標的を仕損じて撃ちなおしたりといった、速射が必要な場合もあるのだ。セミオートマティック・ライフルなら、狙撃手が通常の歩兵戦にくわわってもかなり効果的に戦える。この点は、狙撃チームが発見された場合や、チームが属す

アキュラシー・インターナショナル AS50 ライフル

イギリス製口径 12.7 ミリの AS50 は、フリーフローティング・バレルのライフルだ。このバレルは、一般に AS50 よりずっと軽いライフルに使われ、対物ライフルに使用されることはまれだ。ストック後部には折りたたみ式のハンドグリップ（一脚）があり、レシーバー先端部を折りたたみ式二脚で支える。

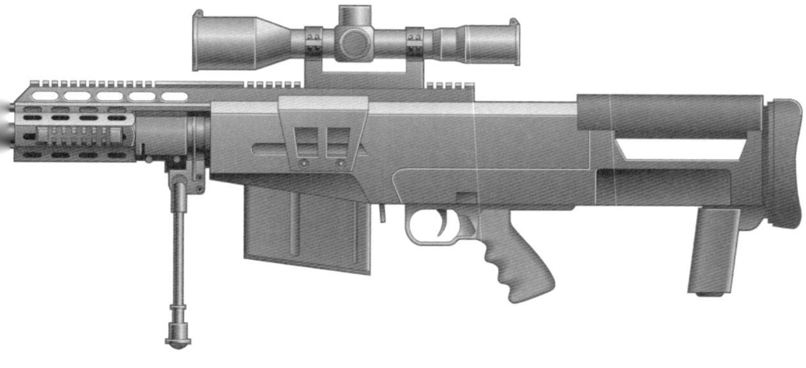

フリーフローティング・バレル

この構造では、銃身がライフルのフォアアームに接合しておらず、レシーバーとの接合部分のみで支えられている。これによって、フォアアームの影響を受けて銃身が振動し、照準がずれるのを防ぐ。しかしこの構造は、従来のデザインのものよりもライフルの強度が低い。

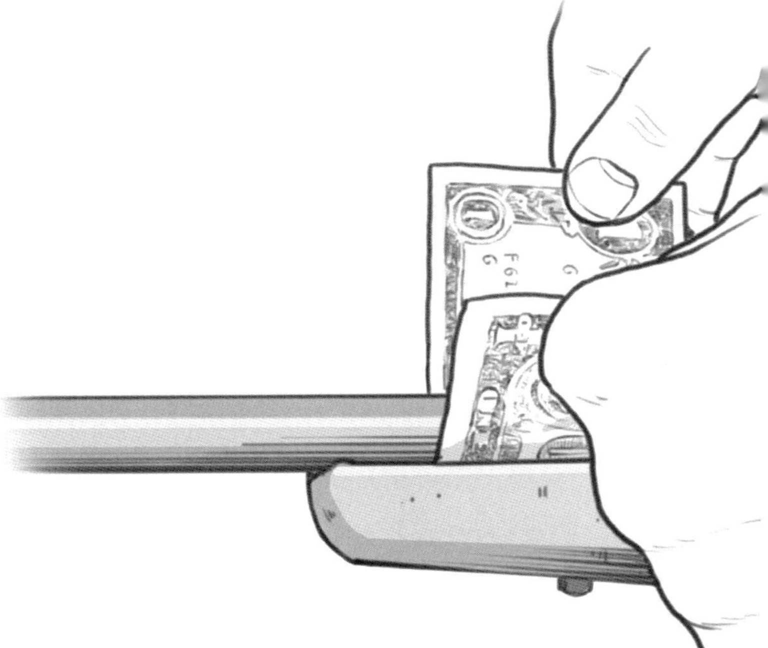

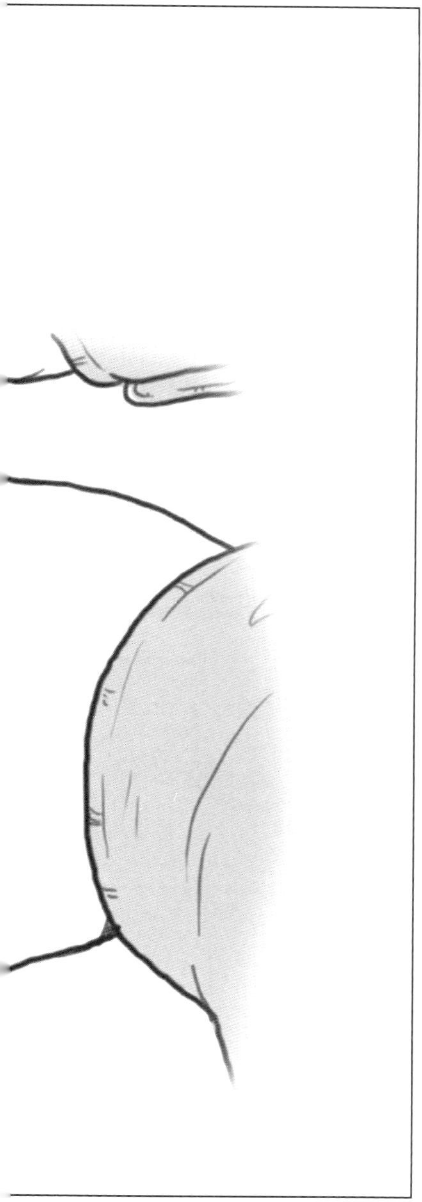

る歩兵部隊がごく近くで交戦しているときには、重要な要素となるだろう。

ライフルの特性

ライフルがどのような動作をもつべきかについてはさまざまな考えがあるが、ライフルの特性は非常に似通っているのがふつうだ。ライフルは命中精度が高く、長時間戦場で任務につくときでも、高いレベルを維持できなければならないのはもちろんだ。構成部品は、正確な機械加工がなされた高品質のものでなければならない。熟練の職人が組立て、専門家がメンテナンスを施すことが必要だ。しかし、この条件を満たすためにはさまざまな方法がある。

フリーフローティング・バレルと自重によるマズルのたわみ

多くの狙撃銃が「フリーフローティング」バレルを備えている。これは、銃身が接合するのがレシーバーだけで、フォアアームとは触れていないものだ。こうすることで、フォアアームや接合部からかかる力で銃身がわずかに動く可能性を排除できる。銃身下部にあるフォアアームには、銃身を押し上げるというより、銃全体を支える役割をもたせている。

フリーフローティング・バレルは、

支えのない銃身の強度で形状を保っている。これにより、かなり短い銃ではたいして問題にならないが、非常に重い、あるいは長い銃では、自重によるマズルのたわみが生じることもある。接合部から先が長いほど、銃身の重量によってわずかに下がるのだ。熱くなったライフルは、冷たい場合よりもこ

M24ライフル狙撃手キット

狙撃手の装備の中心にあるのはライフルだが、キットの装備がなければ効力を発揮できない。戦場では、ライフルを清潔に保ち、適切なメンテナンスを施すことがむずかしい場合もある。しかし、初弾命中には、これは不可欠な要素だ。

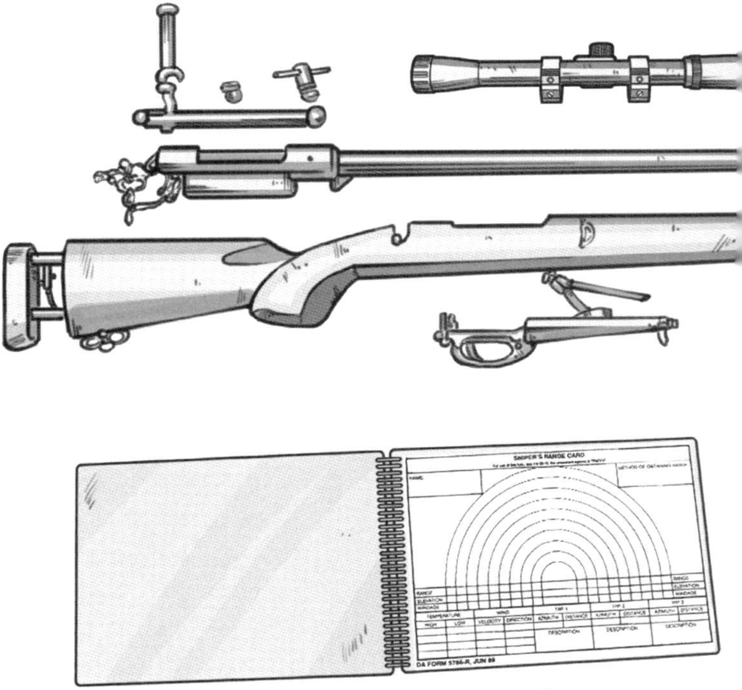

データ・ブック

れが大きいが、銃身全体や先端を支えるタイプではあまり問題にならない。

標準的な狙撃用ライフルでは、マズルのたわみで深刻な影響がでるわけではないため、一般にフリーフローティング・バレルは問題なしとされている。しかし、非常に高性能のライフルには銃身を複数箇所で支えているタイプが

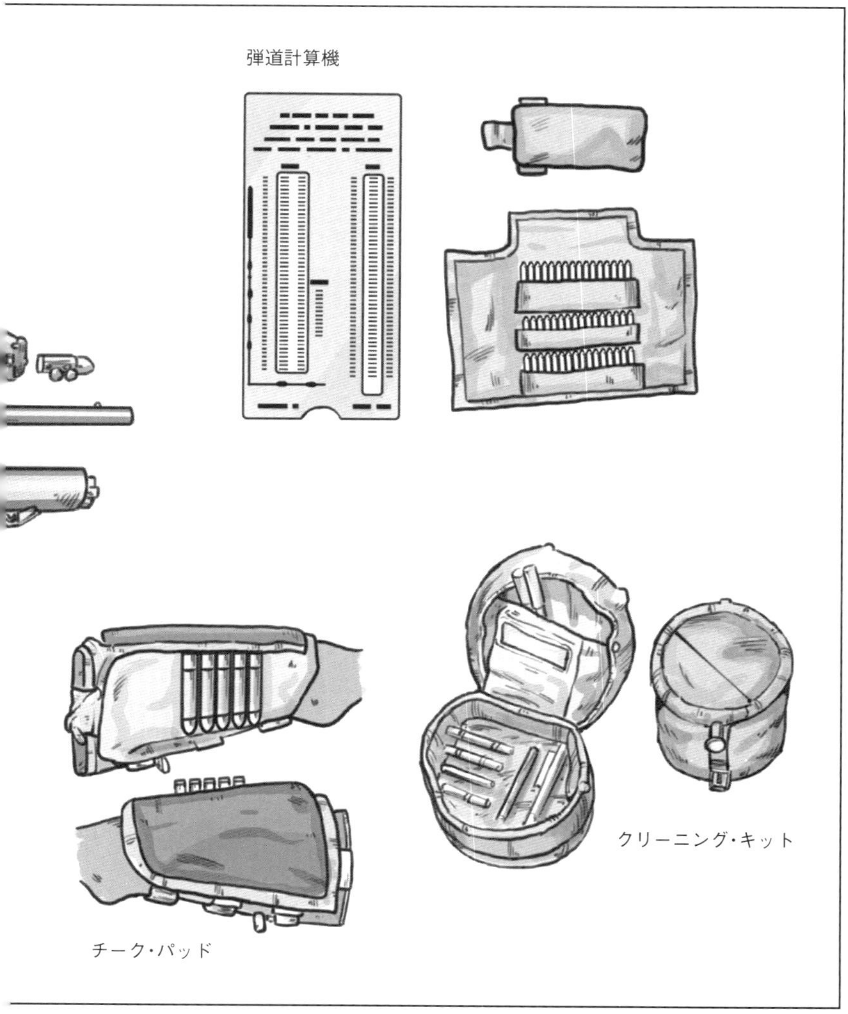

あるので、明白な結論が出ているとはいえない。

反動

狙撃用ライフルの銃身は、標準的な戦闘用ライフルよりもいくらか重いため、熱を発散し、反動を吸収しやすい。反動は長距離射撃には深刻な問題であり、ライフルの動きによって、銃弾がマズルを出る前に照準がずれる可能性もある。反動を最小限にするためにさまざま方法がとられ、ライフルの構造自体にその機能をもたせたものもある。

ライフルはかなり重く、その重さに、弾丸の発射で生じる動きを低減する働きがある。物理学的に説明すると、小さな比較的軽い銃弾をある方向に高速で発射した場合、銃自体は反対の方向へと動く。当然、銃が重いほど、その動きはずっと遅くなる。

ライフルは、照準点がずれないように、発射時の反動ができるだけ真後ろへと向くよう設計されている。バランスのよいライフルは真後ろに後退するが、重量分布やライフルの支え方も、マズルが上を向く原因になる場合があ

ワルサー WA2000 ライフル

独特なブルパップ方式採用の WA2000 は、史上最高の命中精度を備えたライフルのひとつだが、非常に高価でもある。軍の狙撃用ではなく警察向けのライフルであり、そのために強度は十分ではない。

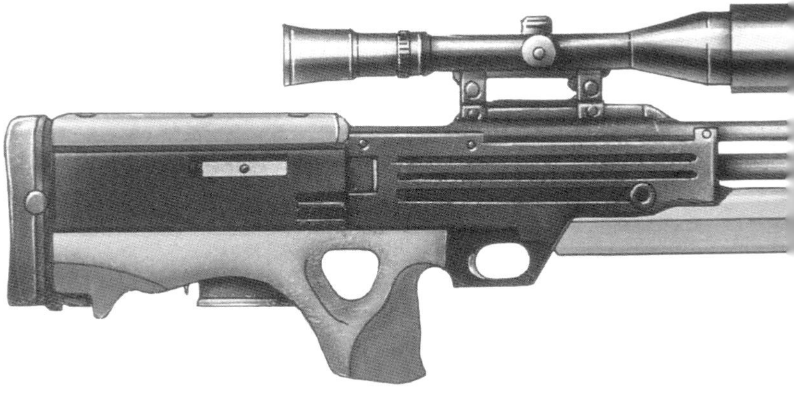

る。狙撃手の抱え方である程度対処できるが、設計がすぐれていればライフルのコントロールははるかに簡単だ。

頑丈さと命中精度

ライフルの設計では、頑丈さと命中精度のどちらを重要視するか、どうバランスをとるかも問題だ。F1 カーは、レーシング・コースではどんな 4 輪車にも負けないが、一般道路ではそうはいかないだろう。同じことがライフルにもいえる。非常に精巧なライフルは、壊れやすいのが一般的だ。ワルサーWA2000 など一部のライフルは命中精度が非常に高いが、過酷な戦場での使用に適しているとはいえない。一方、ガリル・スナイパーライフルは、条件がそろった環境でも精度はかなり劣るが、手荒にあつかっても十分機能する。

頑丈ではなく照準がくるいやすいライフルでも、保護パッド入りのケースに収めて携帯し、撃つときにだけ取り出す場合は問題ではない。一方、起伏の多い地形を移動し、車両のなかでも跳ねるような場合は、こうした状況下でも命中精度を維持できる銃が必要だ。狙撃用ライフルの大半は頑丈さと性能の高さとのバランスがとれているが、どちらを重視するかについてもさまざまな考えがある。

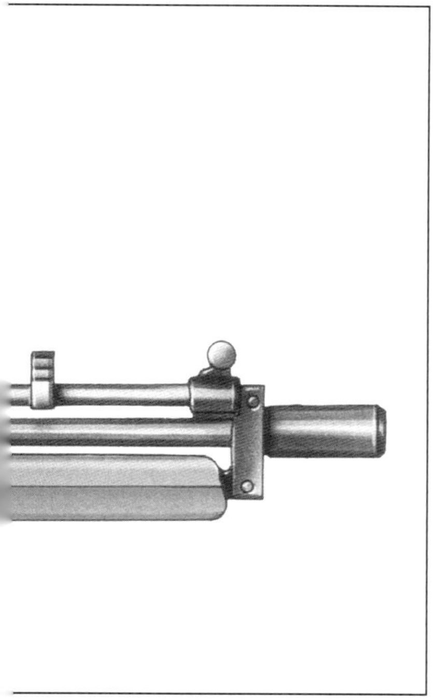

性能と携帯性

ライフルの性能と携帯のしやすさも、バランスを考慮すべき問題だ。長銃身のライフルは銃口速度が速いため命中精度と射程が向上するが、ライフルの重量が大きくなる。問題はこれだけではない。銃身が長いと、部隊の一員として車両や市街戦で作戦を行うときに邪魔になる可能性があり、下ばえのある森林地帯のような密な地形を移動する場合はあつかいづらい。さらに、偽装工作がむずかしく、風の影響も受けやすくなる。微風でもライフルのマズ

対物ライフル

対物ライフルは、榴弾あるいは焼夷弾といったスペシャリスト用の銃弾を用いる場合もある。標準弾でさえ、こうした強力なライフルから発射されるときわめて破壊力が大きく、さまざまな任務で十分効力を発揮する。

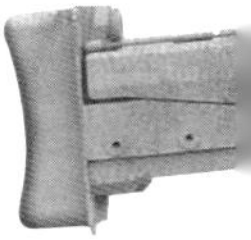

PGMへカートII対物ライフル

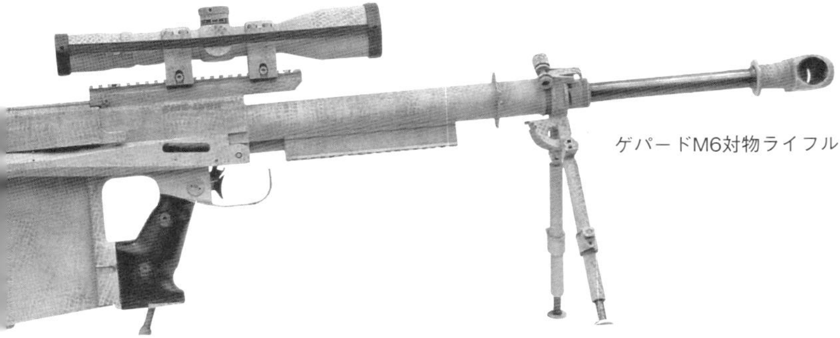

ゲパードM6対物ライフル

今日の対物ライフルのなかでも性能が際立つ14.5ミリ、ゲパードM6ライフルは、５発入りマガジンを用い、あつかいやすい長さにするためにブルパップ方式をとっている。前の世代は同じ弾薬を装填したが、構造は従来どおりだった。現在のものはそれより450ミリ短い。

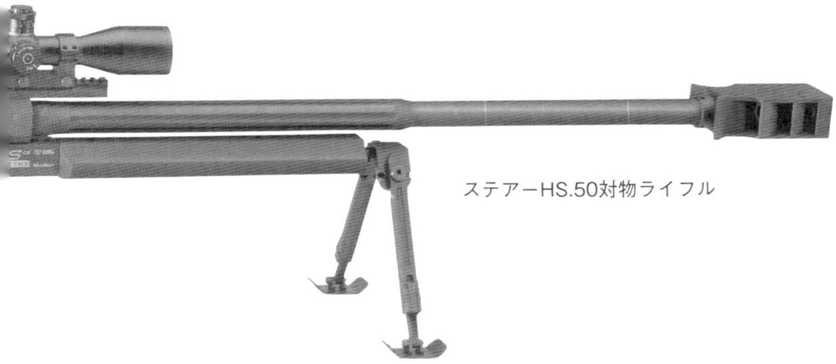

ステアーHS.50対物ライフル

ルがわずかに動く可能性がある。決定的な一発をだいなしにしてしまうのは、この「ごくわずか」なずれなのだ。ライフル全体の長さを変えずに銃身の長さを増すためには、「ブルパップ」方式にする方法がある。ブルパップ方式のライフルは、従来のライフルのようにトリガー・グループの前方ではなく、後方でマガジンからの給弾を行う。

　この構造は、給弾機構を銃床内部に

ガリル・スナイパーライフル

　ガリル・スナイパーライフルは、AK シリーズのアサルト・ライフルから派生したガリル・アサルト・ライフルをベースにし、正確には狙撃よりも射手の任務のほうに適しているといえる。だが非常に頑丈で信頼性の高いライフルであり、現行能力でも十分な働きはする。

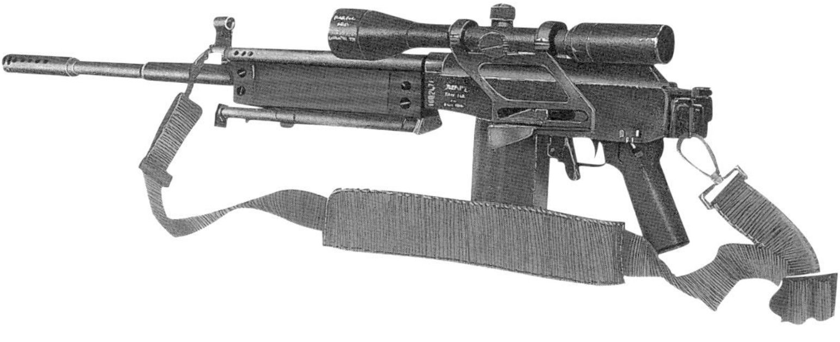

質量と速度

　銃弾は標的に運動エネルギーを発散することで損傷をおよぼす。銃弾がもつエネルギー量はその質量と速度に左右され、とくに速度は重要だ。しかし問題となるのは、銃弾が標的にエネルギーを発散する能力だ。傷のなかで変形するような軟らかい銃弾はエネルギー発散が迅速であり、より多くのエネルギーを、より短い時間で標的に与えるのである。

移すことで、性能を低下させずにライフルを短くしたり、全長は変えずに銃身を長くしたりする。とはいえ、これによってライフルのバランスが変わることは望ましくない。ブルパップ方式の狙撃銃はわずかしかないが、世界でも最高の命中精度をもつライフルに数えられるものもある。

口径

口径も重要な問題だ。小口径のライフルもわずかながら存在する。しかし重い弾は飛距離が長く飛翔時の安定性が高いうえ、貫通力と殺傷力もすぐれているため、大半のライフルの口径は7.62ミリだ。だが重い銃弾には重いライフルが必要だ。銃身は重く、照準器具、二脚か一脚がくわわり、ほかにも付属品が必要だろう。このため、ごく標準的なスナイパーライフルのキットでさえ、かなり大型で重くなる。

M82バレット対物ライフルなど、12.7ミリBMG（ブローニング・マシンガン）弾といった非常に大型の弾を装填するライフルは、ライフル自体も非常に大型で重量も必要となる。レシーバーには、（7.62×51ミリ弾が一般的であるのに対し）12.7×99ミリ弾を収めるだけの大きさが必要だ。銃弾と銃身の直径が２倍ちかくになれば、ライフルに用いる金属量は大きく増加する。狙撃手は、これを携帯しなければならないのだ。

こうした大型弾にはライフルの頑丈さも必要であり、構造補強のための材料も使うことになる。また、強力弾の莫大なエネルギーを吸収するために、特別な反動システムが必要な場合もある。M82バレットには、榴弾砲のシステムを小型化した、砲タイプのリコイル・システムが使われている。固定マウントなしに反動をコントロールするには、銃の重量だけでは（かなり大きいが）十分ではないのである。

つまり、カートリッジのサイズがわずかに増すだけで、ライフルの大きさと重量が大きく増加するといえる。このタイプの対物ライフルのなかでも最大のものは、人ではなくおもに装備や車両に対して用いられるが（よって対物という）、長距離狙撃に使用されることもある。しかし、こうしたライフルは移動しながらでは使えず、厳しい戦況を切り抜けなければならないときには役に立たない。さらに、こうした重いライフルでは、迅速に射撃位置の移動を行うこともできない。

このため最大級のライフルは、反乱軍の拠点に対する作戦の支援といった、綿密に計画された作戦に配置される。作戦の進展にともない狙撃チームは射撃位置を移動するが、撃つ前には適切な準備をする時間が必要だ。「小型」

弾薬のサイズ

大半のスナイパーライフルは、7.62 ミリ弾を装填する。例外もあるが、射程とストッピング・パワーに欠けるため、軽量弾はほとんど使用されない。大口径弾はおもに長距離ライフルや対物ライフルに使用される。

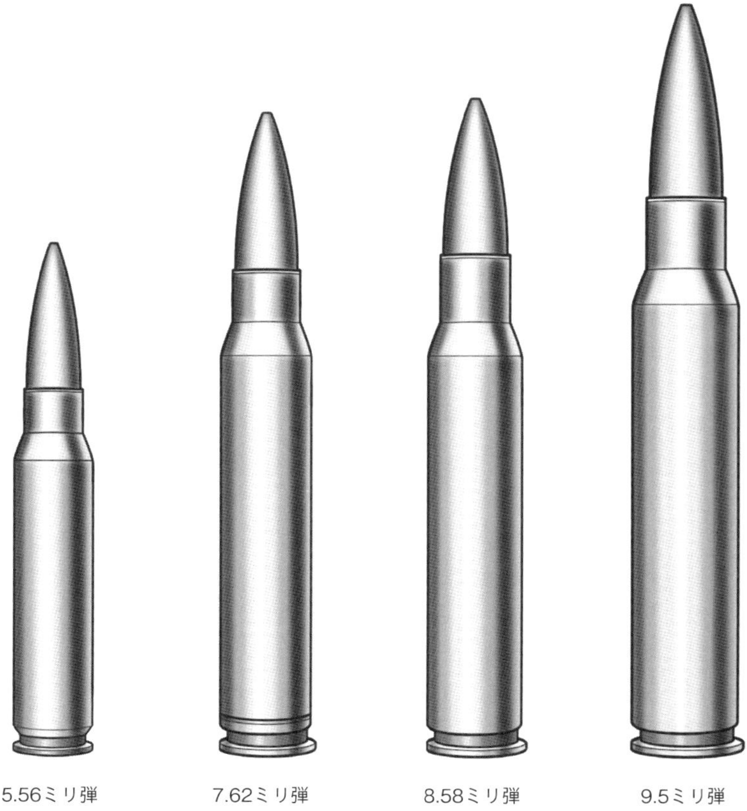

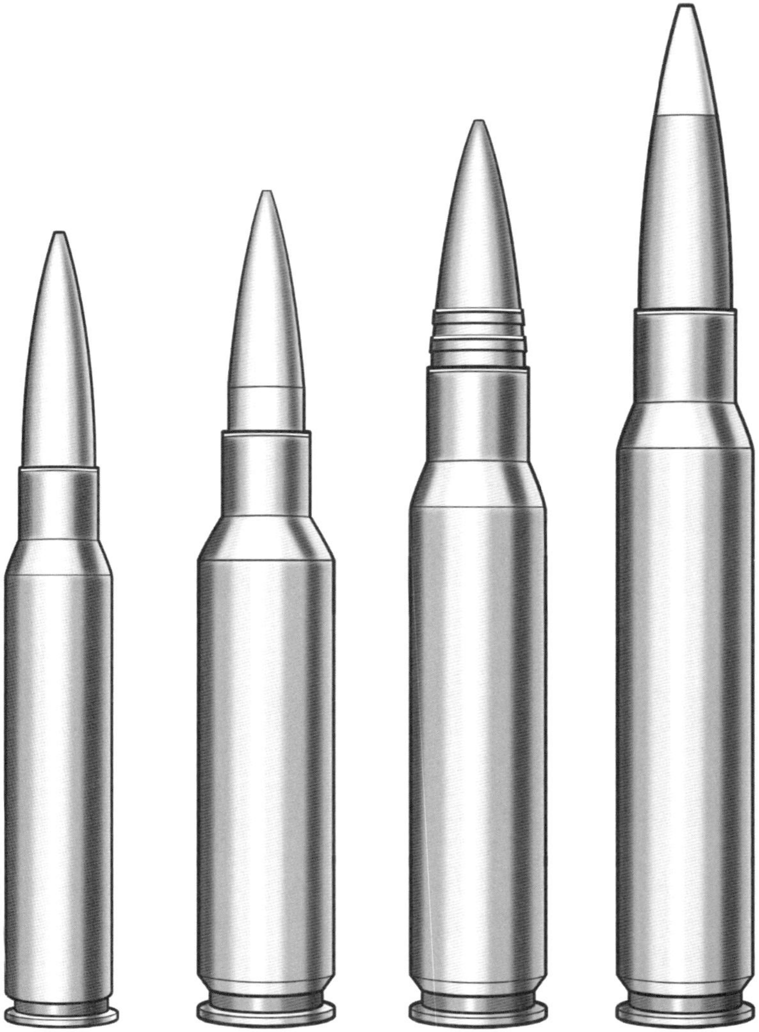

10.36ミリ弾　10.56ミリ弾　11.5ミリ弾　12.7ミリ弾

バレットM82A1 対物ライフル

M82は幅広い人気をもつ大口径ライフルであり、反動を低減するための大型のマズル・ブレーキをもつ。本来はブローニングM2HB重機関銃向けに開発された、12.7×99ミリという非常に重い銃弾を発射する。

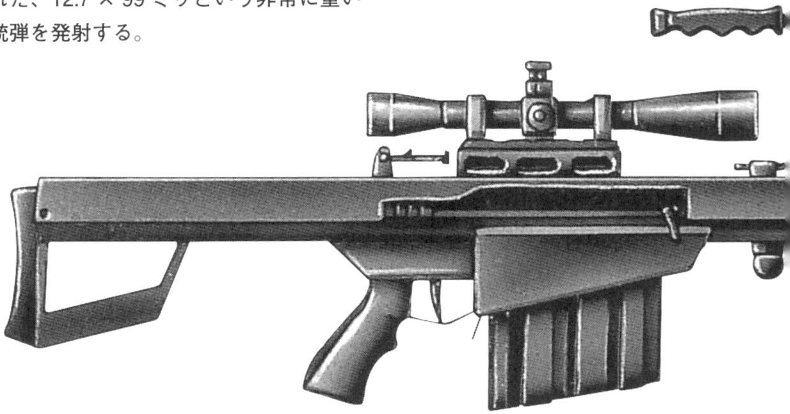

ライフルをもった狙撃手は、どこであれ、足を止めた場所で正しい姿勢をとり撃つことも可能だが、対物ライフルを抱えていれば、新たな脅威に対応するのに時間がかかる。

非常に大型のライフルは、砲と同じカテゴリーに分類される場合もある。準備に時間はかかるが、射撃姿勢がとれさえすれば、効果的な支援が行える。こうした大型ライフルにうってつけの任務はあるものの、標準的な狙撃任務には、もっと軽いライフルが使用されるのが一般的だ。

照準器

「アイアン・サイト」を使用すれば、驚くほどの長距離からでも正確な射撃を行うことが可能だ。これは大半のライフルに装着されている基本的な照準器だが、理想的照準器とはいえない。

狙撃手のほとんどは、標的を拡大する望遠照準器《テレスコピック・サイト》を使用する。スコープは倍率で区別し、たとえば12×の望遠照準器は倍率が12倍であり、とらえたものは12倍の大きさに見えている。

明るさや標的までの距離、その他の要因に合わせて、狙撃手は４倍から

望遠照準器のタイプ

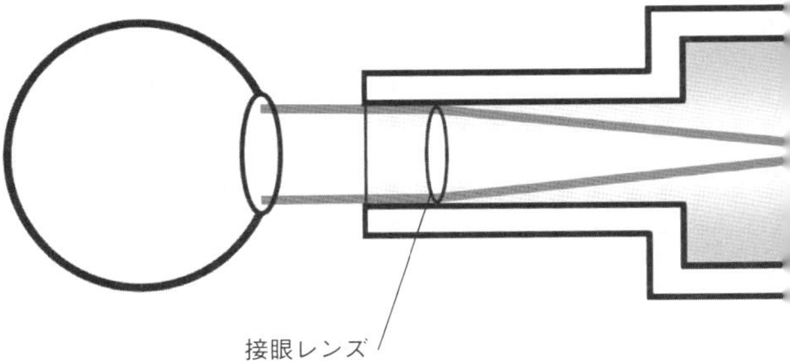

望遠照準器にはさまざまなタイプがある。ほとんどが距離とウィンデージ調節ができ、戦場で予想される打撃や衝撃を受けても正確なアライメントを維持できるように、非常に頑丈である。

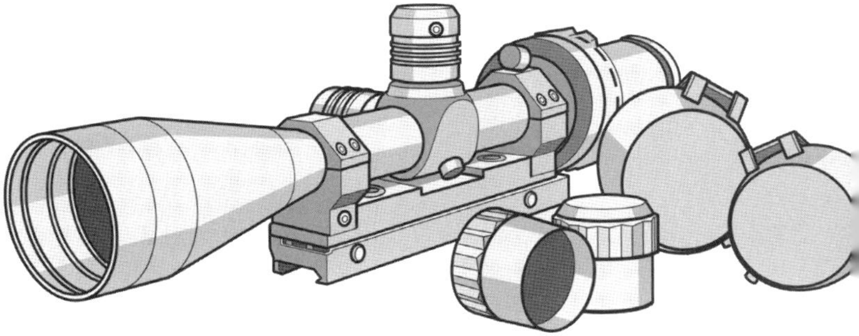

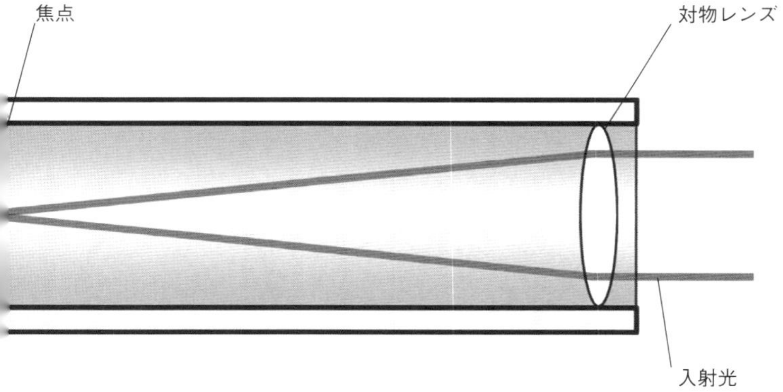
焦点
対物レンズ
入射光

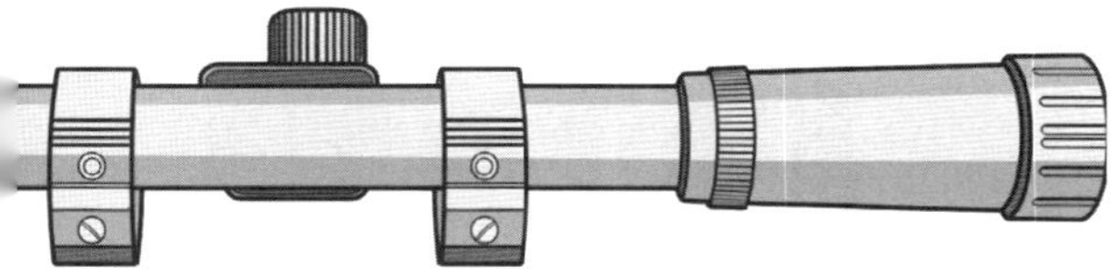

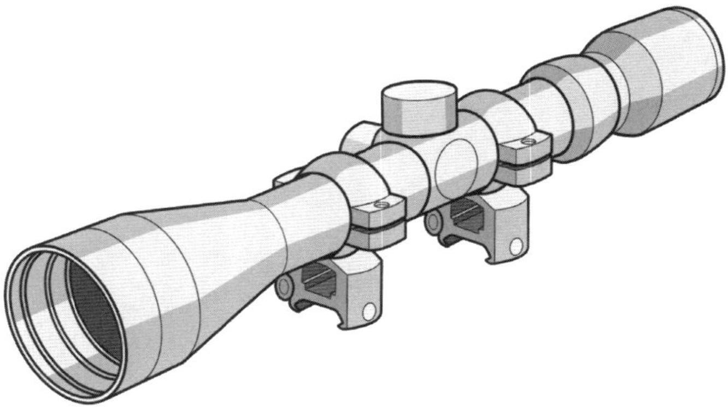

照準点

　サイト・アライメントと弾着点との関係は、イラストのようになる。上の列は標準的な十字線《クロスヘア》の望遠照準器で、下はポストタイプの照星を使用した例だ。

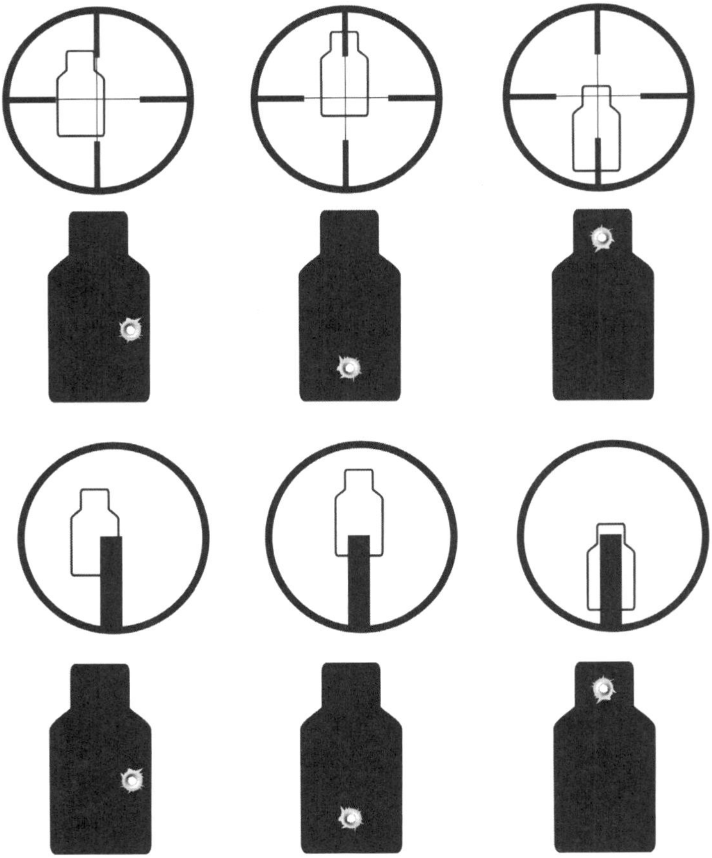

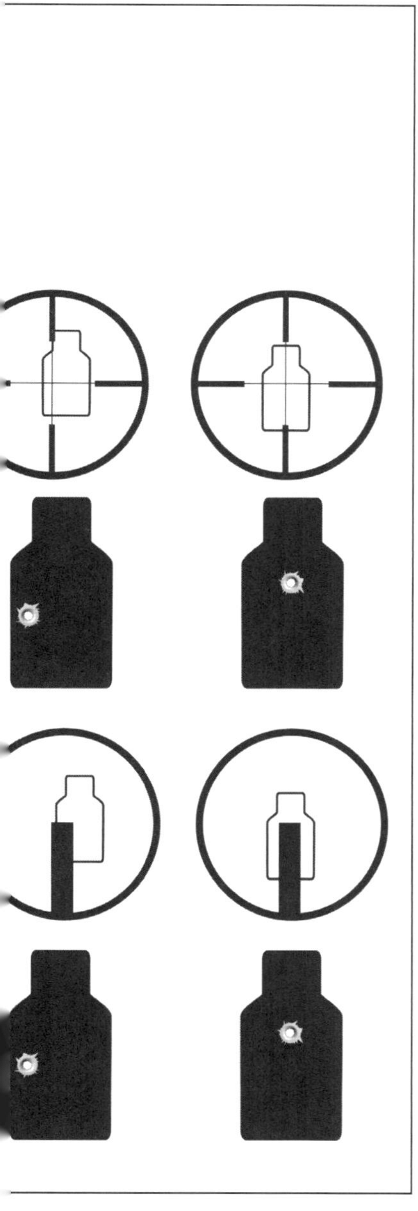

12倍、あるいはもっと高倍率の望遠照準器を使用する。高倍率のスコープは、長距離において標的の発見や狙撃を行う場合に必要だが、視界は非常に狭い。このため12倍のスコープは、それほど遠くない地域を詳細に観察する場合にすぐれ、4倍のスコープは広いエリアで標的や脅威を発見するのに向いている。

偽装した敵兵士を探す場合には、視界と倍率のバランスがとれている点が必要だ。高倍率のスコープでは細かい観察ができ、うまく偽装した人や物を発見することも可能だ。だが、もしかしたら狙撃手の視界の外で、敵に陣地を明かしてしまうような動きが起こるかもしれない。また比較的近距離での戦闘では、低倍率のスコープのほうが役に立つ場合もある。

標的に照準点を合わせるためにはライフルをどれだけ動かす必要があるかといった、スコープによる拡大と照準点のおき方との関係を直感的に理解するためには、かなりの訓練が必要だ。裸眼で疑わしい動きをみつけてからスコープを目にもってくると、標的を「見失う」こともある。これは、高倍率の照準器を用いる場合によくあり、ライフルの小さな動きで照準点がわずかにずれてしまうためだ。

敵陣地と思われるものをすばやく拡大できないと厄介だが、移動する標的を狙うときには、この点はもっと深刻だ。また照準器で拡大されたために未熟な射手が混乱し、実際よりもずっと遠くに照準点をおいていると思いこむこともある。このように、高倍率のスコープは非常に役に立ちはするが、難点もあるのだ。

こうした問題点には訓練や実践によって克服できるものもあり、高倍率のスコープを有効に使えないと、狙撃手養成学校の卒業はおぼつかないだろう。だが、ほかにも問題は残る。可変倍率の照準器は最適な倍率を選べるが、それだけでいいわけではない。狙撃手はスコープ調節のために動かなければならず、そのせいで自分の位置を明かしたり、そのあいだに標的が視界から出てしまったりする可能性がある。

照準器と距離の調整が必要な場合も多い。狙撃手は、望遠照準器上の距離計で照準を調節し、長距離射撃の場合の銃弾の落下を補うことができる。短距離では銃弾の落下は無視してもよく、銃弾は少なくとも照準が合ったところにはあたる。しかし、飛翔中の重力の影響で落下し、照準点よりも下にあたったり、標的に到達する前に地面に落ちたりする場合もあるのだ。

これを補うために、ライフルのマズルを上げて、弾道が放物線となるよう撃つことが必要だ。長距離であるほど上向きの補正が必要であり、つまり、標的より上方を狙うか、十字線を標的に合わせれば、放物線の先の弾着点と標的が一致するように照準器を調節することが必要だ。距離計を使えば、ア

アイアン・サイト

「アイアン・サイト」とは、昔からライフルについている簡単な照準器をいう。通常は、照星（ポストタイプとリングタイプのものがある）と照門とで構成される。照門からのぞいて照星のポストを標的に合わせると、確実にあたる。アイアン・サイトは通常は距離調節が可能で、長距離の射撃には、従来、数百メートルまでの目盛がついた、跳ね上げ式の照門を使っているライフルもある。こうして高さを上げた照準器を使うことでマズルは上を向き、銃弾がより遠くまで放物線を描くようになる。アイアン・サイトがあれば狙撃は十分可能だが、長距離では標的を判別するのはむずかしい。標的が見えたとしても、拡大機能のない照準器では、長距離射撃での命中精度は十分ではない。

ライメントを変えて、スコープを標的に合わせさえすれば、撃ちたい距離で着弾するようマズルの角度を調節できる。

赤外線・熱線映像装置

赤外線（熱）放射や光増幅テクノロジーを利用した高度な照準システムは、標準的な照準器よりも大きくバッテリーが必要で、これには寿命がある。こうしたシステムを使用するかどうかは、そのときの任務と、予想される状況によって大きく異なる。このシステムは夜間の射撃には大きな利点があるが、日中は、暗い建物のなかの敵をみつけるのでもないかぎり、役には立たない。

熱線映像装置は物体が発する熱を探知する。人や動物の体のぬくもりや、車両の熱いエンジンなどは、それより温度の低いものよりも熱放射が多い。しかし、熱画像を読み取ることにも訓練は必要だ。見慣れた姿も、温度の差で描かれると形が変わるし、走っている相手は見分けがつきやすくても、その体に照準を合わせるのはむずかしい。

この装置は熱源をすべてひろい上げるので、使う側は混乱する場合もある。温度は明るさで表され、同じ温度のものがふたつあれば、どちらも同じ明るさだ。人以外の熱源があれば、標的の形がわかりづらく、あいまいになることもある。敵が小さなたき火の向こう側にいると、確認するのがむずかしく、狙うのはさらに困難だろう。

熱線映像装置はすぐれた偵察用具だ。壁の内側の熱いパイプなど、見えないものを探知するのに使え、このシステムがなければ見落としていたかもしれない物や人に注意がいく。しかし、完全無欠ではない。

冷えた車両は、その後ろの冷たい壁と同じ色や明るさになり、自分の目で観察するよりも、熱画像のほうがわかりづらい場合もある。熱線映像装置で暗いエリアを探索しようとすると悲惨なことになりかねない。あちこちの障害物や足場の悪い箇所が周囲のものと同じ温度であると、ほとんど判別できない。それでもこの装置によって、狙撃手は、与えられた任務に必要な能力が手に入るのだ。

スターライト・スコープ

微光暗視装置は、熱放出によるのではなく、とらえた光をすべて電子的に増幅する機器だ。このタイプのものは、月のない空のごくわずかな光もとらえて役に立つ画像を提供できるため、「スターライト・スコープ」ともいわれる。スターライト・スコープは真っ暗闇では使えず、洞窟内や停電した建物内では探索できない。それでも、標的をみつけるのさえむずかしいような状況でも、スターライト・スコープが

暗視ゴーグル

暗視装置は狙撃手にとって重要な装備だ。ゴーグルや双眼鏡を用いることで、ライフルの照準器を使用せずに探索を行うことができ、暗闇での移動には非常に役に立つ。しかし、暗闇での射撃には、ライフル搭載の照準器も必要だ。

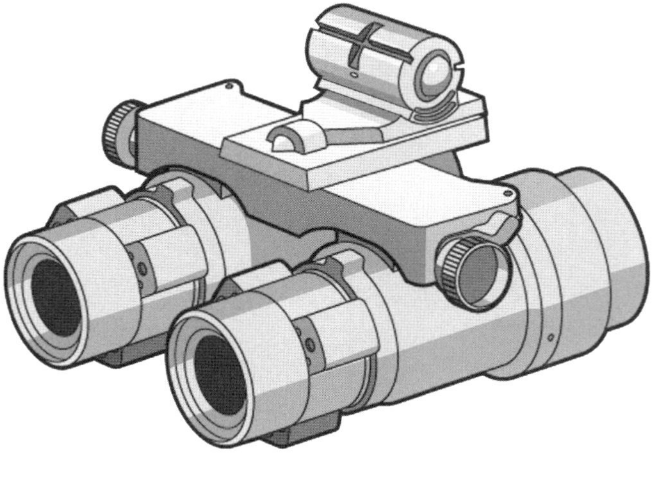

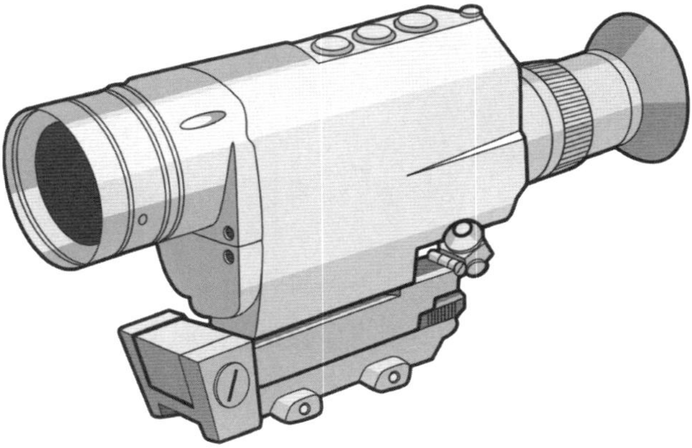

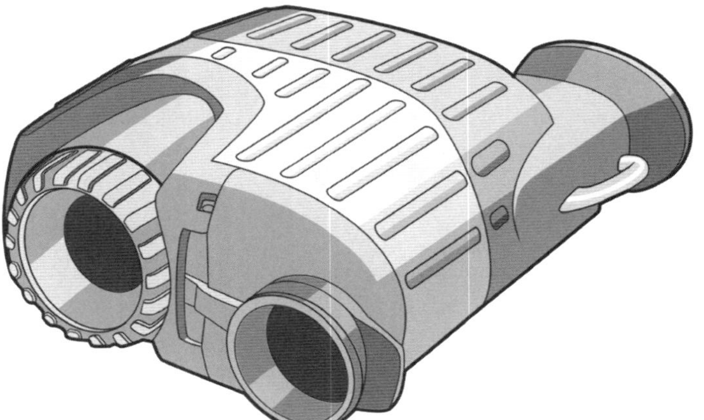

さまざまな支え

砂嚢や砂をつめた靴下があれば、狙撃手はさまざまに利用することができる。なかにつめた砂をならして照準点を細かく変更することも可能であるし、砂嚢は一点で支えるのではなく、ライフルの銃座の役割をしてくれる。

砂をつめた靴下

あれば射撃も可能な場合がある。

レーザー技術

狙撃手は目視による距離判断の訓練を受けるが、正確な距離測定に役に立つ補助装置がレーザー測距器だ。距離計測時のわずかな誤差も、弾の飛距離に過不足が生じ、あるいは移動中の標的と銃弾が、狙った地点に同時に到達しないといった結果にもなりうる。

さらにレーザー指示器を携帯する狙撃手もいる。これは、標的に「レーザー光をあて」て、航空機や砲による攻撃を指示するものだ。

二脚と一脚

スナイパーライフルには、二脚や一脚が標準装備のものもある。一脚は、ライフルを支えるポストが１本のもの

砂をつめた靴下――狙撃手の友

前に出した手で直接ライフルを支えるかわりに、半分より少し多めに砂をつめた靴下を利用することもある。ライフルを砂の上におき、靴下をもめば高さの細かい調節も可能だ。または、支えるものの上に狙撃手のこぶしをのせ、その上にライフルをおいてもよい。こぶしをきつくにぎったりゆるめたりすると、ライフルの照準点を上下に調節できる。

野外で利用できる三脚

ライフルの支えは、棒を２、３本しばるか、ふたまたに枝わかれした木を使えば簡単に作れる。ふたまたの枝を利用しようとすると、使えるような形の木を探して枝をはらう必要があるが、たいていの木材は、長くても、使いやすい長さに切るだけで二脚や三脚にできる。

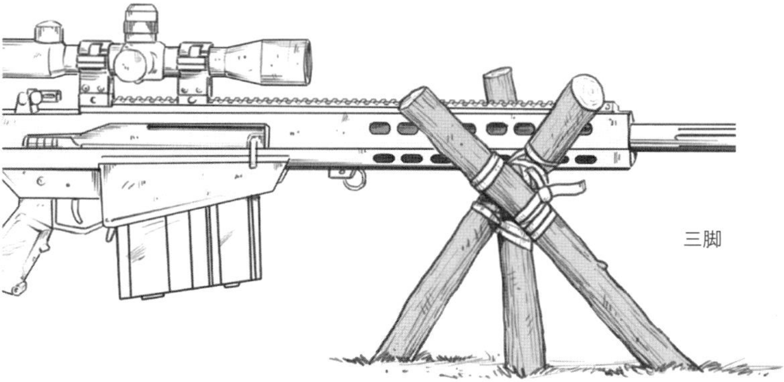

だ。安定性では二脚に劣るが、一脚は軽く、移動中も、狙撃手がなにかにひっかかるようなことが少ない。

銃身の下に二脚のついたライフルを押しながら、頑丈な遮蔽物の狭い開口部やびっしりと茂った下ばえのなかを通るのは不可能だ。一脚は、ライフルに余分な突出部がないので、狙撃手が移動したり、ライフルを引っぱり出したりしたいときに、下ばえをむやみにひっかきまわさなくともすむ。狙撃手が撃った直後にやぶが突然ざわめけば、一斉射撃を浴びるのがおちだ。

サプレッサー《抑制器》

多くの狙撃手がライフルの発射音を抑制するためにサプレッサーを利用す

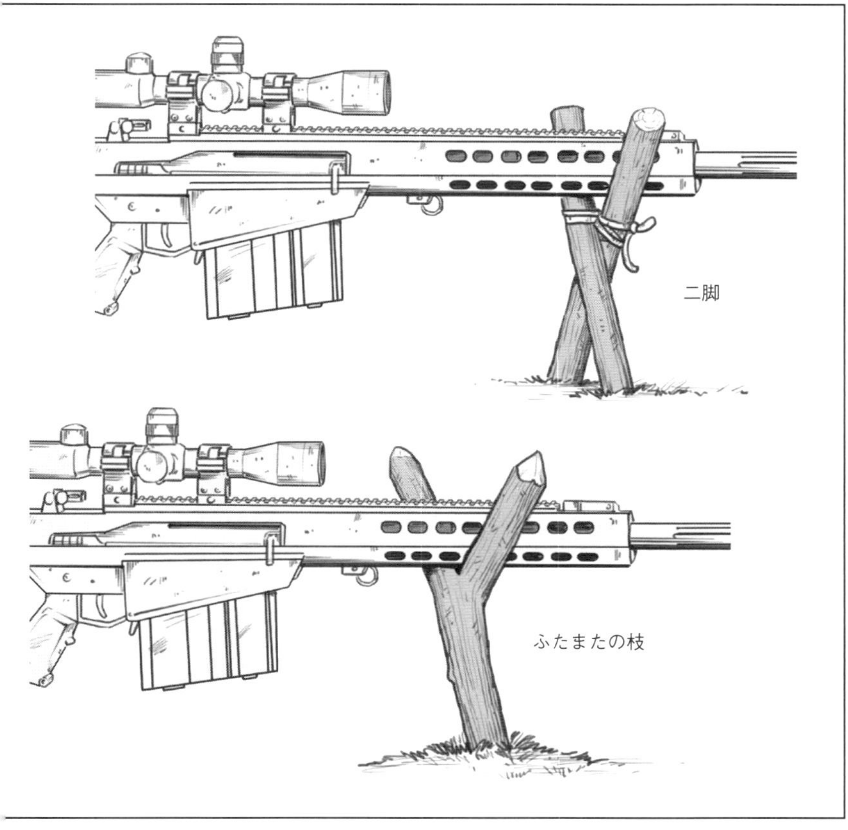

る。複数のバッフルを用いて発射ガスを取りこみ、そのエネルギーを拡散させる仕組みだ。実際には「サイレンサー《消音器》」といったものはなく、火器はすべて、少なくともある程度の音が出る。しかし、サプレッサーはこの音をかなりおさえるのだ。サプレッサー装着のライフルは射撃音が聞こえないわけではないが、狙撃手の位置をピンポイントで突き止めるのは非常にむずかしくなる。サプレッサーには発射炎を消し、マズル周囲の煙をほとんどなくすものもある。炎も煙も、あれば狙撃手の位置を知らせてしまう。

サプレッサーは、通常弾より飛翔速度が遅い亜音速弾と使用する。これによって命中精度は低下し、銃弾の弾道も変わり、またサプレッサーでライフルのバランスにも変化が生じる。長距離射撃になるほど影響は大きいが、一般に、長距離から射撃を行う狙撃手にはサプレッサーの必要性は低い。サプレッサーを装着したライフルは、おもに極秘の作戦や、敵部隊がパトロールその他の活動を行っている地域で、狙撃手が独立して任務を行う場合に用いる。敵と交戦中の歩兵部隊を支援して射撃を行う場合は、隠密性はあまり重要ではない。銃撃戦のさなかであることは敵も承知であるし、おそらく狙撃手のライフルの音も、戦闘の騒音にまぎれてしまうからだ。

弾薬

弾薬は狙撃手にとって非常に重要だ。現代のライフル弾は、非常にお粗末なつくりでさえなければ、弾道は均一にちかく、つまり同じ種類の弾なら、何回撃ってもほぼ同じような弾道を描く。

オーバーペネトレーション

ボディアーマーや遮蔽物を貫通する威力をもつ、硬くとがった銃弾は、速度をゆるめずに人体をも貫き、それにより多くのエネルギーを奪ってしまう危険もある。弾が急所に命中すればそれで終わりだが、急所をはずれた場合、オーバーペネトレーションによって軽度の障害が残ることもある。銃弾は標的を貫通後も十分に殺傷力を維持している場合もあり、状況しだいでは問題も生じる。遮蔽物やアーマーを破壊するための貫通力と、人体への攻撃力とのバランスをうまくとることは、むずかしい問題だ。

しかし、「均一にちかい」では十分ではない。狙撃手にとっては、どの一発もまったく同じように飛ぶ弾が理想だ。狙撃手はつねに同じ撃ち方ができるように訓練しており、それが可能なライフルを所持している。銃弾の飛び方にごくわずかな違いが生じるだけで、すべてをだいなしにしかねないのだ。

狙撃手は、非常に高水準に作られた「標的競技《マッチ》」弾を使用する。きわめて高品質のものは、緑色の点のマークがあるため「グリーンスポット」弾といわれる。これは、新しい鋳型で作った最初の5000発の弾薬であることを表しており、鋳型の小さな傷やでこぼこが弾の形に影響する可能性はないと保証するものだ。ごくわずかな変形でさえ、銃弾が回転しながら標的に向かうときの、気流や重量配分を変えてしまうのである。

大半の狙撃手が用いるのは標準的な対人用弾薬であり、飛翔時の安定性や、飛距離、貫通力、殺傷力のバランスが非常によくとれている。軍用弾ともいわれる標準弾以外の弾薬が使用されることもある。曳光弾は底部に少量の発火性物質が入っており、これが明るい光を発して、弾の軌跡を追えたり、標的を他の部隊に指示したりできる。もちろん、曳光弾は狙撃手の位置も知らせてしまう。このため、危険を冒すメリットがある状況でのみ使用する。

徹甲弾

軍の狙撃手はさまざまなタイプの徹甲弾も使用する。概して徹甲弾は、標準弾よりも遮蔽物やボディアーマーを貫通する能力が高いが、殺傷力は劣っている。防御を施した兵員に対して用いるが、装備にも損傷を与えることができる。

大型の対物ライフルは、徹甲榴弾を使用することができ、命中しさえすれば深刻な損傷を与える。このタイプの榴弾を人に用いることには議論もあるが、アメリカの軍隊では、すべて合法とされている。しかし一般には、対人には「ボール」弾が使用される。余分な威力は、過剰な殺傷を引き起こしてしまうのである。

第 **6** 章

狙撃手はさまざまな姿勢から正確に射撃できなければならない。

射撃の技能

狙ったとおりの場所に銃弾を撃つためには、複雑な作業を要する。これには重要な要素がふたつある。どこに向けて撃つかを判断する能力と、一定に撃てる能力だ。どちらが欠けても、狙撃手は効果を上げられない。

照準器は、とくに長距離では役に立つ補助器具だ。しかし、使いこなすスキルがなければむだになる。状況によっては、狙う相手がいる位置から大きく離れた地点を狙わなければならない。十字線を標的に合わせさえすればよいのは、標的が動いておらず、かなり近距離で無風にちかいときだけだ。射手は、標的の動きや銃弾の飛翔速度、風、銃弾の落下などあらゆる要因を考慮して、適切なポイントを選ぶことができなければならない。そこが、撃つべきところだ。

ライフルがつねに安定した状態にあり、狙撃手が目と照準器とマズルとをかならず同じ位置関係においていれば、一定の射撃が行える。これができれば、定めた照準点を撃つ能力が備わる。そして照準が正しければ、標的に命中する。だから熟練の狙撃手ともなれば、弾着時の標的の位置を予測し、狙ったポイントに銃弾が行くよう照準点を定め、そして、つねにそこに命中させる

狙撃手は、自分の目と照準器との関係をつねに一定にし、ライフルを体に正しくそわせていなければならない。どちらもできていれば、銃弾は狙撃手が狙うところへ行く。

ホーキンズ・ポジション

ホーキンズ・ポジションでは、ライフルの銃床を狙撃手の肩にあてるのではなく、脇ではさみ、ライフルは狙撃手のこぶしで支える。前に出した腕を伸ばして前方のスリングスイベルをにぎり、反動を吸収しやすくする。

銃床への頬付けとアイレリーフ

すぐれた射撃体勢をとるには銃床にしっかりと「頬付け」することが必要であり、毎回頬は同じ位置におき、正しいアイレリーフを維持しなければならない。アイレリーフは目と接眼レンズとの距離で、照準器を長時間使用する場合の目の緊張を避けるためには必要である。

ことができなければならないのである。

射撃に必要な作業の一部は、あらかじめ準備しておくことが可能だ。狙撃手が位置について、敵にぶっ放すだけ、ということはまずない。撃つ準備ができていない場合は、標的の姿が見えても、見逃すこともある。準備には、距離や風速、大気の状態などを評価し、敵パトロール、護衛、観測手の有無など、射撃自体には関係がないが、狙撃手の生き残りにかかわる要素を調べる時間も必要だ。

その地域の状況をしっかりと把握し、安定した射撃の姿勢をとって、ようやく狙撃手は撃つ態勢に入る。最終段階は短い。２回ほど息を吸って血液に酸

銃眼用の穴を利用する

壁に銃眼用の穴をあければ、狙撃手は建物から外を見て撃つこともできるが、疑われたり、銃撃を招いたりする危険もある。のぞき穴を半透明なもので覆うと、少なくとも射撃をはじめるまでは、敵の観測手には気どられにくいだろう。

改良された歩兵用照準器

一般的な歩兵のライフルは改良型照準器が装備されていることが増え、従来のアイアン・サイトはバックアップとして使用されている。改良型照準器にはレッドドット（リフレックス）サイトなどがあり、透明レンズに照準点を投影する。射手の頭が動いても、ドットが狙う位置を示してくれる。これによって近距離での銃撃戦でもより迅速な標的の捕捉が可能になり、命中精度が高まるとともに早く撃つ利点がくわわる。

ACOGとSUSAT

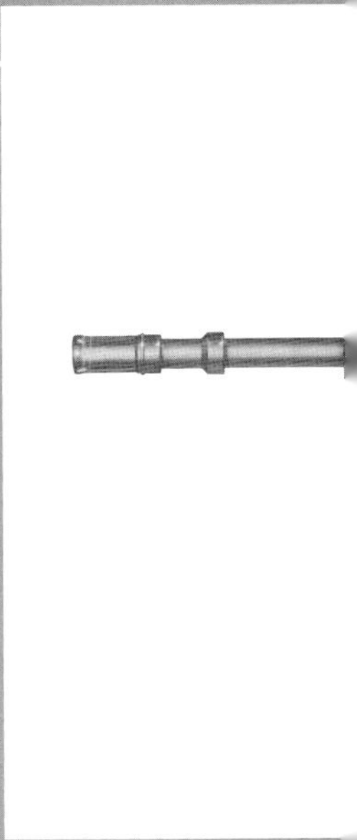

多くの歩兵用ライフルが、現在では、長距離戦闘用の低倍率照準器を装着している。イギリス軍のサイト・ユニット・スモール・アームズ・トリラックス（SUSAT）は4倍率固定の照準器で、高度戦闘光学照準器（ACOG）は1.5倍から6倍までさまざまな倍率のものがある。こうした照準器は倍率が固定されており、調節できない。さらに、必要な場合には使用されることもあるが、狙撃手の使用を前提としていない。これらの照準器を利用すれば歩兵は長距離での射撃の精度が増し、部隊の射撃技術が全体として向上する。

調整可能なトリガー

狙撃手はみな、トリガーにどれだけ力をかけるか自分なりの好みがある。調整可能なトリガーは、狙撃手の好みどおりの圧力に設定できる。トリガープルが重すぎると精度が低下するし、軽すぎても発射のタイミング判断がむずかしくなる。すぐれた狙撃用ライフルは、ごく軽いが明瞭な「ブレーキ」がかかる。一般にトリガー操作は２段引きであり、第１段階で、あとごくわずか力をくわえれば射撃が行える位置までトリガーを「引く」のである。

L85（SA80）ライフル

素を取りこみ、半分息をはいて止め、トリガーに指をかけてひと呼吸おく。狙撃手が息をとめた時点で、最終的な正しいアライメントに落ち着き、ライフルは定めたポイントを狙っている。そして撃つか、もっとよいチャンスを待つかを決断するが、これにかける時間は長くとも数秒だ。

撃つと決めても、トリガーにかけた指にわずかに力をかけるだけだ。自分のライフルのことは知りつくしているので、撃発にわずかに足りないだけの力をかけて止め、撃つべきときを待つ。そして、指の先でトリガーを真っすぐ

射撃姿勢

すぐれた射撃姿勢とは、なにより、銃床に完璧に「頬付け」できていることだ。イラストでは、左手は銃床を支え、狙撃手の肩にしっかりと引きこんでぴったりと固定させている。

後ろに引く。トリガーを引く動作はごく小さい。

射撃は、数時間、あるいは数日にもおよぶひそかな行動や観察、待機の結実であり、一発勝負だ。その一発にいたるまでのなにかがまちがっていれば、銃弾は標的をはずれる。狙撃手はもてるスキルのすべてを使って、射撃に適した場所を選び、準備し、実行する。もちろん、すべての弾が命中するわけではない。それでも狙撃手は、一撃必殺の、完璧な仕事を目指すのである。

ライフルは狙撃手の体の中心線に自然にそわせ、照準点は、ライフルを動かすのではなく狙撃手が動くことで調節する。

射撃姿勢

狙撃手はさまざまな姿勢で射撃を行うが、多くは見るからに不自然だ。だがどの姿勢も、ライフルを安定させ、射手の目と照準器とをつねに同じ位置関係におくためのものである。

ライフルはしっかりと支えなければならない。肩にしっかりとあてるが、強すぎてはならず、銃床に、適度にしっかりと「頬付け」する。ライフルを強く肩に引きこみすぎたり、にぎりが強すぎたりすると、安定性はかえって低下する。

ライフルは、トリガーにかける手と頬、肩が、撃つたびにライフルに対して同じ位置にくるようにして支える。もう一方の手の位置はさまざまだ。ライフルをつかむこともあれば、架台がわりにすることもある。両手は離れず、

前に出した手が、マガジンやトリガー類のすぐ前を支えている場合が多い。こうすれば、銃身に側面からの力がかからない。そして、ライフル全体をレシーバーで支えるので、銃身はうまく「浮いて」いるのである。

射撃姿勢は、大きく動かずに照準点を調整でき、体がこわばらないものにしなければならない。自身の体と戦っているようでは、命中は無理だ。動きはかなり制約されるだろうが、これはあまり問題ではない。大きくすばやく動かなければしとめられない標的は、ふつうはやりすごす。あてるのはむずかしいうえに、狙撃手は、自分の位置を明かすような急な動きをするのは好まないからだ。撃つ、撃たないを判断する能力は重要だ。熟練の狙撃手は、成功の見込みが小さい一発を放ってチャンスをむだにするよりも、確実にし

伏射　その1

伏射のなかでも多く見られるこの姿勢では、狙撃手の身体の輪郭が最小限になり、地面との接触を最大にして安定が得られる。反動は直接狙撃手の体にそって抜け、大型の強力な対物ライフルの場合にも、反動の影響を最小限におさえる。

骨格で支える《ボーンサポート》

ライフルは、筋肉ではなく骨格で支えるようにする。ライフルの位置を変えなくとも筋肉をゆるめられる姿勢にすべきであり、リラックスすると体のこわばりがほぐれ、射撃はより正確になる。

伏射　その２

支えのない伏射の場合は、架台や二脚を使うのではなく、左手でライフル前方を支える。前に出した手の親指とその他の指のあいだにライフルをのせ、にぎりしめるのではなく、支えるだけにする。

とめられる機会を待つのである。

伏射

狙撃手は、一定時間、射撃の姿勢を維持しなければならない。不快さはある程度無視できても、不自然な姿勢は長くはもたない。狙撃に理想的な姿勢はいくつかあり、なかでも伏射の姿勢は多くの点で理にかなっている。ライフルを支えるのが容易で、姿勢の維持も骨が折れない。伏射の姿勢をとる狙撃手は、背後にあるものに自分の姿を浮き立たせないので発見もされにくい。盛土などをたてにするとなおよい。支えにも偽装工作にもなるし、反撃に対する遮蔽物にもできる。狙撃手が建物のなかに隠れている場合にはこの姿勢はとれないだろうが、家具類を動かし

て、その場に合わせた伏射にすることは可能だ。

大きなテーブルを部屋の中央に引っ張ってくれば、その上で伏射の姿勢をとり、窓から外をうかがえる。さらに、壁や屋根瓦を一部取りのぞいて「銃眼」を作ったり、高い場所をみつけて、屋根ごしに撃ったりすることも可能だ。

膝射

一方の膝をつく射撃姿勢も、よく使われる姿勢だ。前に出した腕のひじを、前に出した膝でささえる姿勢は非常に安定性があり、伏射にくらべると、周囲を視野に入れることができる。膝をついているので、すばやく立ち上がったり、必要であれば移動したり、見回して別の方角にいる標的を探したりすることもできる。この点は移動中には重要だ。膝をついて撃ったら、すぐに動ける。しかし膝をついていると、伏射の場合よりも発見されやすく、狙われやすい。

膝をつくと、障害物の上に顔を出し、ライフルをしっかりしたものにのせることもできる。この場合、高さは考慮すべき問題だ。そこにあるものが高すぎれば、ライフルの架台にはふさわしくない。照準器をのぞくときの姿勢にゆがみがあってはならないので、高さの問題さえなければふさわしい姿勢でも、とれない場合もある。しかし、そ

膝射

しっかりとした膝射の姿勢にするためには、前の足をできるだけ垂直に立て、後方の足のかかとはできるだけ尾てい骨にちかづける。狙撃手は後方の足のかかとに座っているといってもよいくらいで、体を標的に対し45度の位置におく。

自然な照準

狙撃手が無理のない姿勢で、望む照準点に自然にライフルを向けているのが、理想的な照準の合わせ方だ。不自然な姿勢であれば、それを維持する努力が必要となり、射撃の失敗にもつながる。正確な射撃のためには、狙撃手は体全体で狙う。ライフルはごく自然に体の延長上にあり、体の一部として使うのである。

こにあるもののかたわらに膝をつき、ライフルや肩をもたせかけることは可能だ。膝射の姿勢は、大きなもののそばや、その上から撃つ場合に役に立つ。

立射

膝射の姿勢にいえることの多くは、立射にもあてはまる。狙撃手が立射の姿勢をとるのは、遮蔽物があるか、建物から撃つときにかぎられるのがふつうだ。狙撃手は、体を横向きにして標的を見て、前の手を、前方の、ライフルのフォアアームにあてるという古典的な射手の姿勢をとることもある。他の姿勢の多くと同じく、手はトリガー類のそばにおくが、立射の姿勢はほかよりも安定性に劣る。概して、ライフルは、地面など支えにするものとの接点にちかいほど安定する。立射の姿勢は、ライフルを、狙撃手の体と武器というかなり大きな構造物の最上部ちかくにおき、両手をちかづけてもつため、生じるぶれが大きくなる。立射の場合は通常、両手を接近させておくよりも、昔風に両手を離してもつほうが適している。

座射

座射は、一見そうは思えないかもしれないが、ライフルを支える安定した基礎になる。狙撃手の臀部と脚が三脚がわりになり、さらに体を固いもので支えて固定することも可能だ。座射の姿勢は低いが、伏射よりも、周囲を見渡し観察することが可能だ。さらに、この姿勢は長時間維持するのがかなり容易でもある。

背中をなにかにもたせかけ、たて膝でライフルを支えるのも、座射のひとつだ。狙撃というより昼寝しているような姿勢だが、低く、安定している。監視や低い遮蔽物の上からの射撃にも使えるし、長時間待機しているあいだ、目立たず警戒態勢をとり続けることも可能だ。長距離ピストル射撃の競技者は、これと似た姿勢を活用する。ピス

立射

　できれば、ライフルは壁などを支えにする。狙撃手がなにかの上に立ったり、腰をかがめたりして壁の高さに合わせることもできるが、姿勢を維持するには限度もある。不自然な姿勢をとって体がこわばれば、ライフルを支えることの利点も失われてしまう。

座射　その１

座射の姿勢は膝射の変形ともいえる。前に出した膝に前の腕をのせてライフルを支える。狙撃手の体重は、後方の脚にかける。この姿勢は非常にコンパクトなので、狙撃手の体を小さくし目立たないようにすることができる。

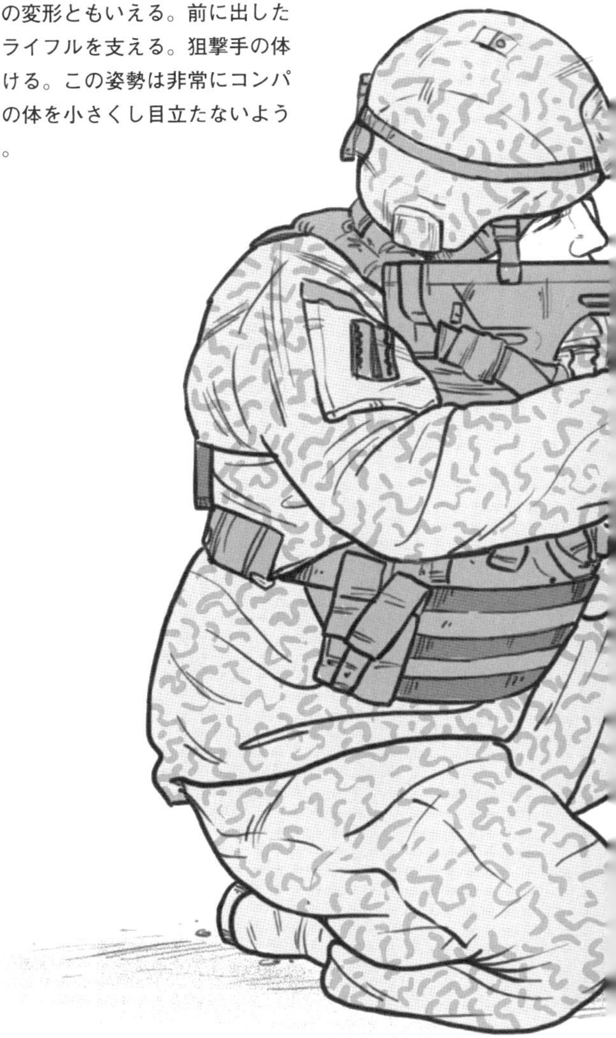

トルで非常に長距離にある標的を狙うときに、体をできるだけ地面に接触させ、動きを最小限におさえるのだ。

基本原則

狙撃手の射撃姿勢には数えきれないほどのバリエーションがあるが、基本原則は同じだ。ライフルが安定していることが第一で、これには、狙撃手の体とライフルが適度に接しており、体

座射　その2

この座射の姿勢では、なんでもよいので、支えになるものを利用する。腰をおろすと、遮蔽物や架台の後ろに体が低く隠れ、狙撃手は長時間姿勢を維持できる。さらに、即座に移動できる態勢にもある。

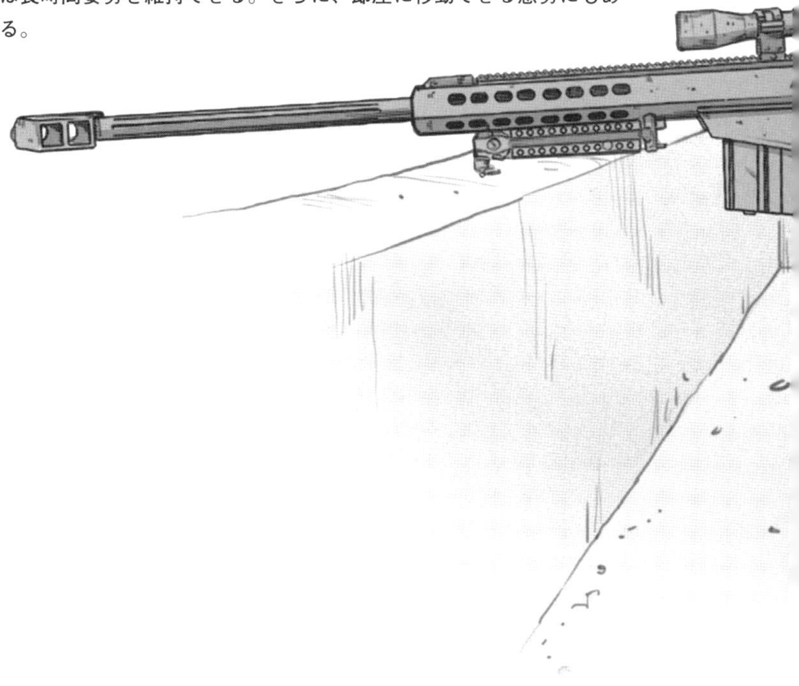

の動きが最小限であることが必要だ。そしてこのためには、体が地面としっかりと接し、動きを最小限におさえる構えが必要なのだ。

射撃姿勢はその場の環境に合わせる。たとえば、片足をかなり高いものにのせ、あげた膝に前の腕のひじをのせて、安定性を増すこともできる。雑然とした環境や、壁ごしに撃つ場合に、こうした姿勢が使われる。

壁や車両や巨岩など、固くてふさわしいものがあれば、ライフルをその上

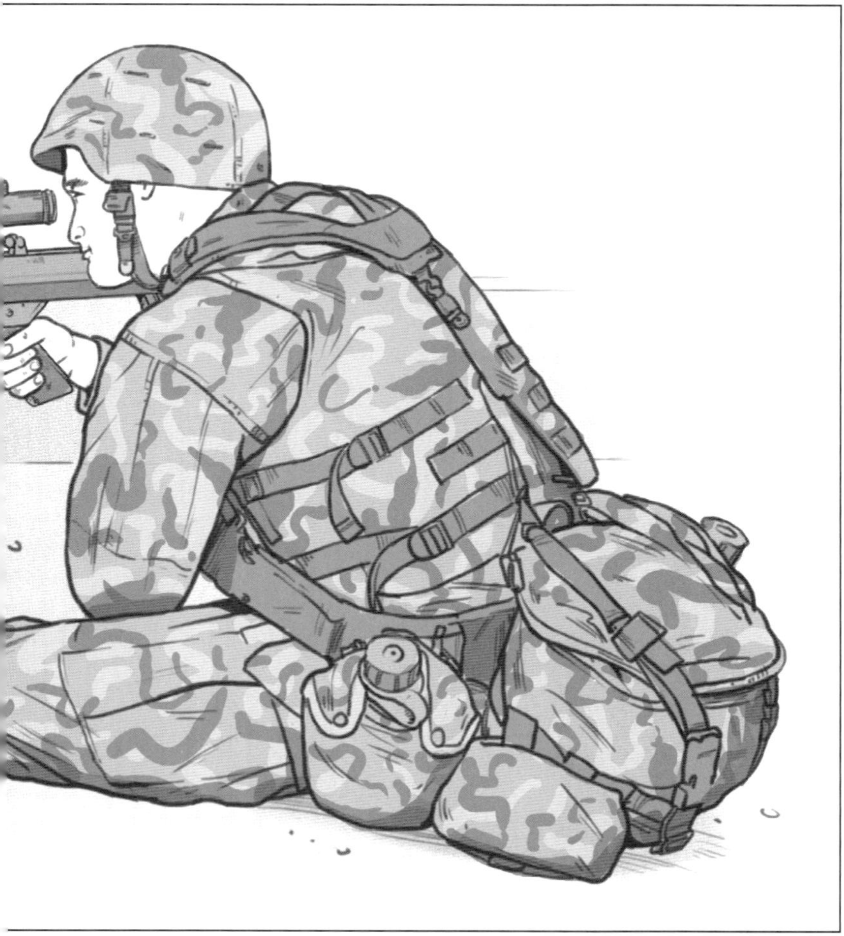

におくこともできる。しかし多くの場合、姿勢をこれに合わせなければならなくなる。背中や脚を大きくまげなければライフルをおけないようであれば、その姿勢は無理があり、維持するのはむずかしい。こうした場合は、壁や岩などの端に移動してその側面によりかかったり、その後方に下がって、そこから立射や膝射をとったりしたほうがいいだろう。そこにあるものが架台には適していなくとも、遮蔽物や偽装工作には利用できる。

周囲の環境

狙撃手は、さまざまな状況について理解していなければならない。ごくふつうの人はもちろん、熟練の射手でさ

距離カード

狙撃チームが配置について最初にやるべき仕事が、距離カードの作成だ。前もって地形をカードにスケッチしておけば、狙撃手は標的までの距離や基準点を調べることができ、銃を構えてからあわただしく計測する必要もない。

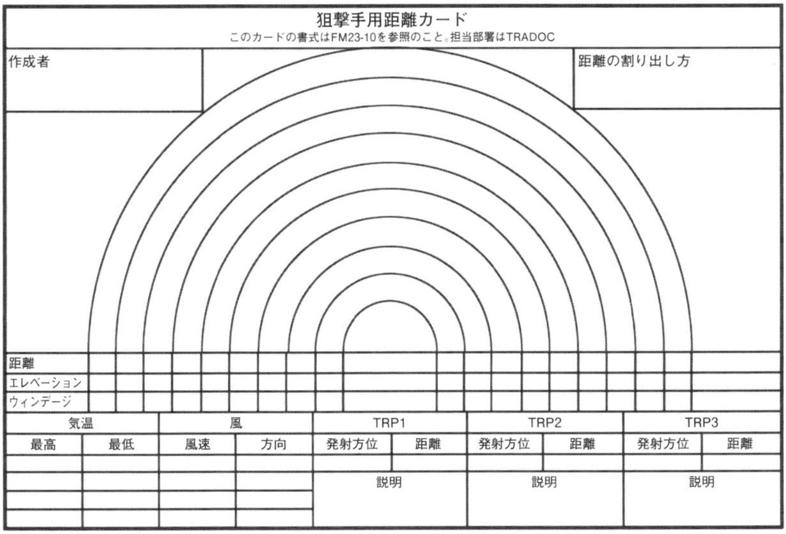

え、大半は無縁なこともある。銃弾に重力がおよぼす影響もそのひとつだ。「直射《ポイント・ブランク》」という言葉は、至近距離での射撃をいうものになっているが、実際には非常に長距離の射撃の場合もある。この言葉は砲撃から生まれたもので、直接狙って標的にあたる最大距離のことをいった。直射できる距離を超えると、砲をもち上げなければならなかったのだ。

銃弾はライフルのマズルを出た瞬間から重力の影響を受け、下に引っ張る力がかかるが、初速が速い火器は、直射の距離が、この言葉が一般に意味す

スナイパー・スコープを使用する

狙撃手の照準器は、シングル・ポスト（上段イラスト）か十字線《クロスヘア》（下段イラスト）タイプのどちらかだ。狙撃手が照準器をのぞくときの角度のごくわずかな違いが、銃弾の落下に影響する。イラストは、照準器に対する目の角度の違いと、弾着点との関係を示す。

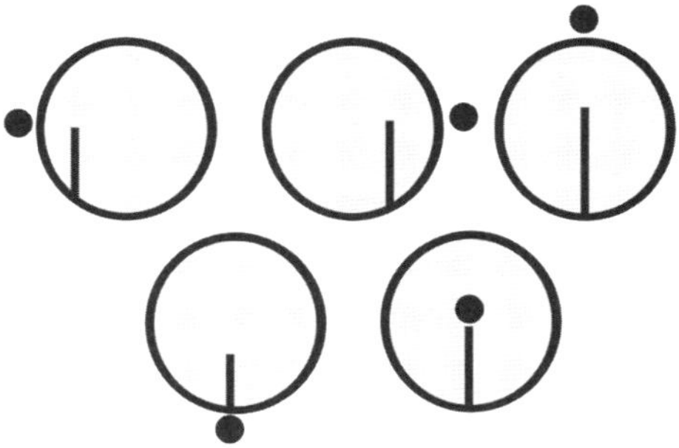

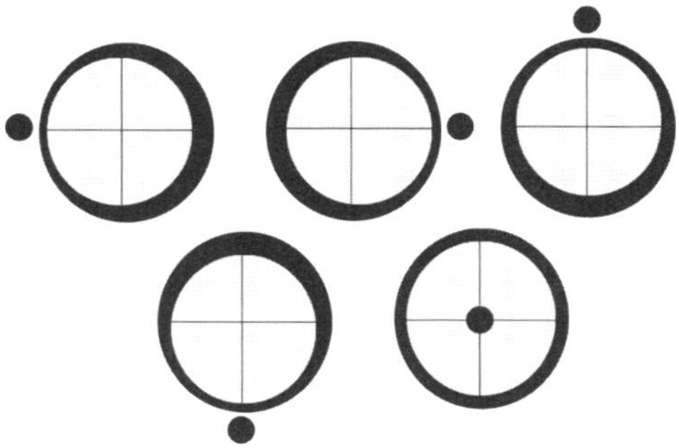

放物線の弾道

長距離の射撃では、標的をとらえるためには銃弾が高い放物線を描いて飛翔しなければならない。上方に障害物がある場合は、問題も生じる。銃口初速が速いほど、距離にかかわらず銃弾の落下は小さいとされ、短距離では平坦でより直線的な軌道を描き、最大有効射程も伸びる。

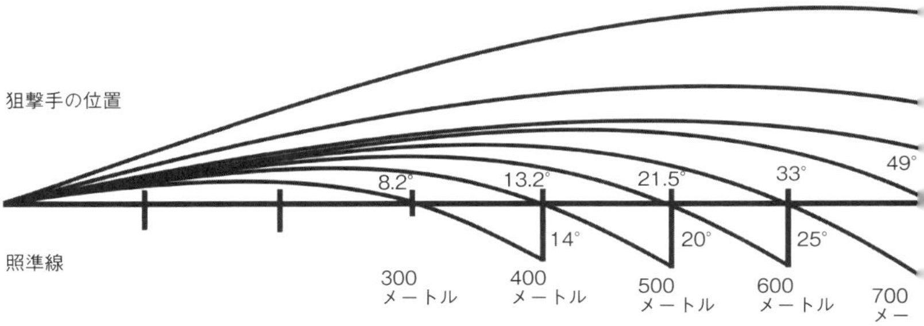

・300 メートルから 1000 メートルまで、100 メートル刻みに飛翔の最高点をイラストで示している。

・100 メートルごとに銃弾の落下度を示す。

る数メートルよりもずっと長い。実際、歩兵の戦闘の多くは「ポイント＆シュート」が可能な距離で行われており、腰だめや、移動しながら撃っても命中の確率はかなり高い。こうした比較的近接した距離では、少々高低にずれがあってもたいした違いはないが、数百メートルから射撃する場合は、銃弾が標的を飛びこえるか、届かない可能性もある。

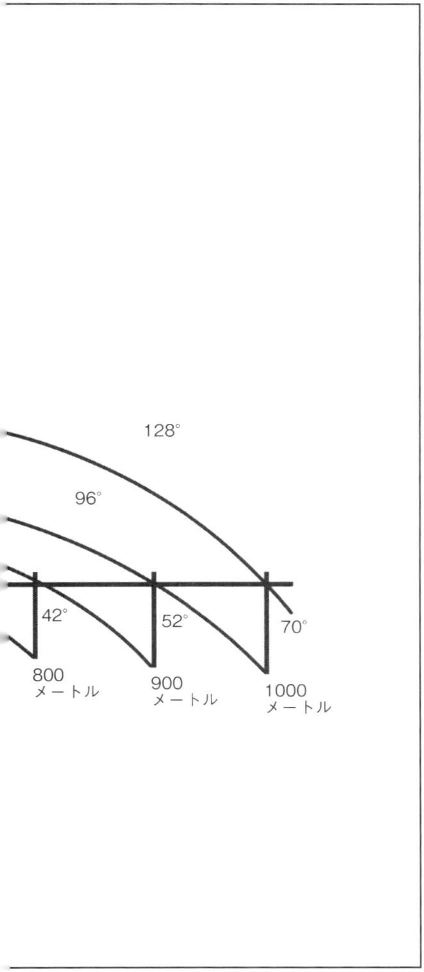

長距離の射撃

長距離で射撃を行う場合には、銃弾の落下を補正しなければならない。通常は、照準を合わせたときに、銃身が実際に上向きになっているよう調節する。マズルを出てやや上向きに飛ぶ銃弾は、重力の影響で下向きの力を受け、標的に着弾するときにちょうどよい高さになるはずだ。もちろんこれは、照準器が距離に正確に合わせてある場合であって、それには狙撃手が標的までの距離を正確に測っていることが必要である。

照準器を標的に完璧に合わせていても、距離の計測が正確でなければ、長距離の射撃は失敗する。このため、狙撃手は目視で距離を計測できるようになる必要がある。レーザー測距器などの機器類は人よりも正確ではあるが、いつも使えるとはかぎらない。狙撃手は器具類の補助に頼らず、まず自身の能力を最大限利用することを学ばなければならない。

風も長距離の射撃には大きな影響をおよぼす。小さな銃弾の飛翔速度は速く、近接した標的までなら軌道に大きな変化は生じない。しかし長距離になれば、微風でも、相手が狙われていることに気づかないほど大きくそれることもある。狙撃手は銃弾が風に受ける影響を判断できなければならず、つまりは、風の強さと方向を読めることが必要なのだ。風を測定し、そのデータをもとに射撃を設定するスキルを磨くことは、狙撃手の訓練に欠かせない要素だ。

非常に長距離の射撃では、風の計算

放物線と速度の維持

弾道は完全に対称な放物線を描くわけではない。空気抵抗で銃弾の速度は低下し、上昇するときよりも下降するときのほうが急な曲線を描く。このため、標的に着弾するときの速度は、銃口初速よりも遅くなる。風の影響で照準線から横にそれることもあり、また、追い風か向かい風かによって、弾道の放物線の形は左右される。

はとても複雑になる。長距離射撃では、風の強さと、向きさえも途中で変わる可能性があり、建物などの角付近では渦を巻くこともある。気温と湿度も、飛翔中の銃弾に対する空気抵抗を変えるため、射撃に影響を与える。抵抗が大きいほど、弾は早くエネルギーを失い、落下するまでの距離が短くなる。気温は視覚にも影響し、標的までの遠近感に違いが生じる。

狙撃手は、トリガーを引くその瞬間に、射撃にかんするこうしたさまざまな要因の影響を、総合的に評価できなければならない。このスキルを身につけるには経験するしかない。狙撃手は何度も何度も、さまざまな状況で長距離射撃を繰り返さなければならず、標定手がその結果を教えてくれる。このデータをカードに記録し、それをもとに、さまざまな要因が撃った弾にどう影響するのか、狙撃手は感覚を磨いていくのだ。

狙撃手はみな、草木や落ち葉の動きから風速を読むことや、それが弾の飛翔にどう影響するかを教わる。だが、必要な知識は備えたとしても、照準を合わせるのはある意味「黒魔術」のようなものだ。なかには、直観に頼っているのにほかの狙撃手よりもうまくできる者もいる。あらゆる情報を組み合わせた結果がどうして完璧なショットになるのか、実際には理解していない狙撃手もいるのだ。

ライフルの特性

民間人の射手や戦闘部隊の大半は自分の銃を繰り返し撃つので、発射火薬の燃えのこりがわずかだが銃に付着する。さらに、たいていは、熱い銃身から射撃を行うことになる。こうした要因が命中精度におよぼす影響は大きくはないが、長距離射撃となると問題だ。狙撃手は一発しか撃たないことが多いため、付着物がなく冷たい銃身から撃

リード、追い撃ち、迎え撃ち

　リードとは、標的の動きを見越して、照準点を標的の現在位置の少し先におくことだ。追い撃ちとは、照準器で標的の動きを追うことで、これにもある程度のリードが必要になる。迎え撃ちは、標的が移動しそうなところに照準を合わせ、そこに到達するときに撃つ行為だ。不規則に動く標的の場合は、動きを止めたり、予測不能な動きをしたりすることを予想して追う。標的が動きを止めたら、狙撃手は追うのをやめて照準を合わせ、撃つ。標的の動きが一定になったら、狙撃手は少しリードをとって撃つとよい。

移動する標的に照準を合わせる

　移動する標的を直接狙って撃つ訓練をしても、至近距離をのぞいては、むだだ。銃弾と標的が同じ地点に同時に到達するよう、標的を少し「リード」して狙う必要がある。

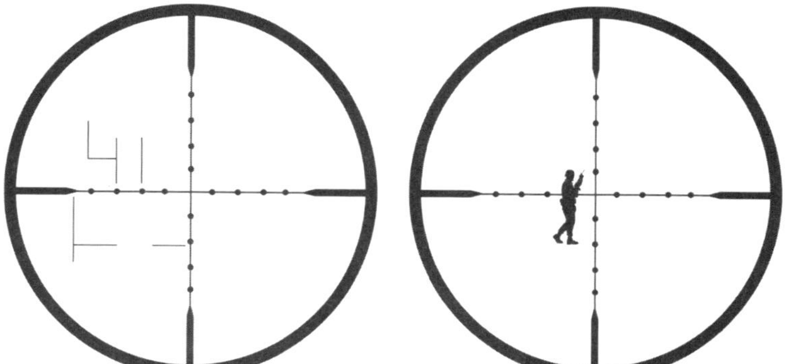

市街地での遮蔽物

市街地では、さまざまな遮蔽物の利用と偽装工作が可能だ。レンガなど建物の材料の大半は、敵の射撃に対してかなり耐性があるが、強力な弾だと貫通するおそれもある。銃弾が破壊した壁の瓦礫で副次的に被害を受ける点も危険だ。

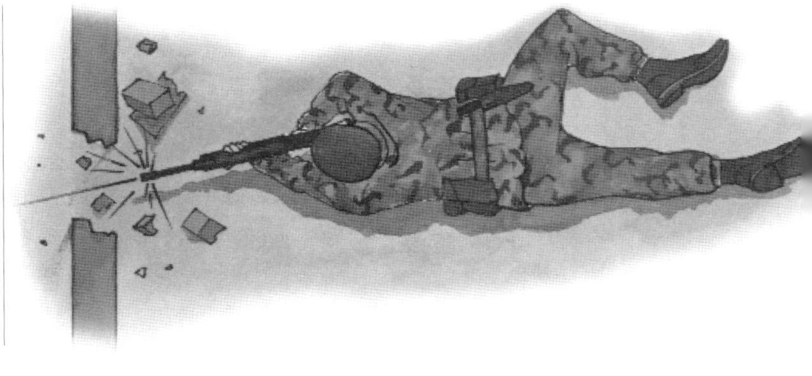

つことになる。狙撃手は、この状態のライフルの特性と、数発撃たなければならないときにどう変化するかを知っておく必要がある。これは、ほかのスキルと同じく、なんども射撃を繰り返すことでのみ身につくものだ。

移動し、防御を施した標的

移動する標的の射撃は、動きが予測できる場合でさえ容易ではない。動く速さや方向が一定でないと、なにかで姿が隠れたり、遮蔽物にさっと入りこんだり、思いがけず姿を現したりするので、命中させることは不可能にちかい。これは、敵狙撃手に仕事をさせない手段ともいえる。遮蔽物を突然出て次の隠れ場に突進し、ふたたび姿を隠すのだ。だが、こうした動きは消耗するので、通常は、銃撃される危険のある兵士しか用いない。

市街地

訓練を積んだ部隊であれば、つねに、狙撃手に狙われる危険を最小限におさえる。北アイルランドに配備されたイギリスの部隊は、街路のパトロール中に、市街地の環境を利用して狙われにくくするスキルを身につけた。壁や郵便ポスト、玄関口はすべて遮蔽物として利用できるので、部隊は、少なくともある方向に対しては、こうした遮蔽物で身を守れるように位置取りをする習慣がついていた。そのときその地域に狙撃手が配置されているかどうかは、わからない場合が多い。しかし、習慣的な対狙撃テクニックの実践が、多くの兵士の命を救ったことはまちがいない。

同様の考えは、多数の国の部隊が取り入れている。未熟で不注意な兵士は、パトロールが止まったとき、街路のまんなかに突っ立っていることもある。もちろん、開けた場所にいなければならない場合もあるだろうが、一般に、訓練を積んだ部隊であれば、つねにしっかりとした遮蔽物のそばを離れないようにし、立ち止まるときにはかならず遮蔽物を利用する。片膝をつくような簡単なことでも、命中させるのはむずかしくなるし、それを理由に狙撃手が撃つのをやめる可能性もあるのだ。

塹壕で

とはいえ狙撃手であれば、移動し遮蔽物をうまく利用している相手でも、しとめなければならない。敵が身を隠し、あるいは横になって見える部分を最小限にしていても、精密射撃の能力があれば、とにかく命中させることができる。塹壕の銃眼など、しっかりした遮蔽物のわずかな隙間から撃ってくる敵に対しても同じだ。固いコンクリートに守られた敵機関銃兵は、並みの

遮蔽物ごしに射撃する

やぶからのぞくブーツやライフルの銃身といったごくわずかなものから、標的の位置判断が可能な場合もある。こうしたものを利用すれば、狙撃手はできるだけ正確に推測し、撃つこともできるが、狙撃手を誘い出すおとりの可能性もある。熟練の狙撃手なら、よほど巧妙な計略でなければ真に受けないだろうが、経験が浅いとまんまとひっかかることもあるだろう。

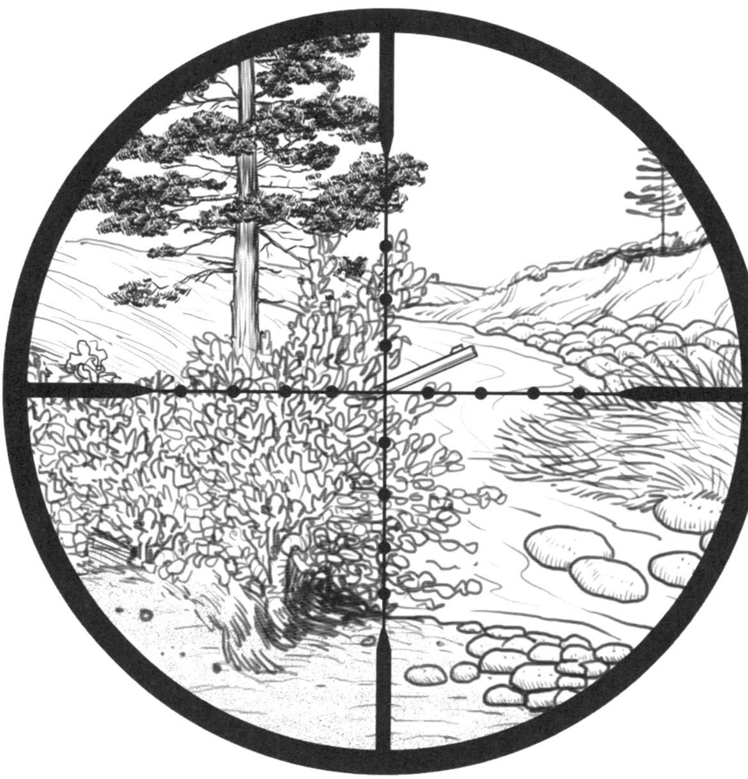

訓練用のターゲット・ボード

訓練用の標的を敵兵士に似せているのにはふたつの理由がある。ひとつは、人を標的に、現実的な狙点を設定する訓練のためだ。もうひとつは、人を狙うことに慣れるためである。現場で躊躇することがないように、できるだけ現実に即した訓練を行うのだ。

ロック・タイム

初期の、火薬を使う武器の発射メカニズムはロックといわれた。トリガーを引いて銃弾が発射されるまでにはかなり時間があき、とくにフリントロックやマッチロック式ではこれが大きかった。この時間のズレは現代では通常はごくわずかだが、今もロック・タイムといわれている。ロック・タイムをゼロにすることはできない。撃針がリリースされるとわずかだが前進して雷管をたたき、それからカートリッジが発火する。このあいだにライフルが動くと、標的をはずしてしまう。

歩兵では反撃はむずかしいだろうが、狙撃手なら、銃眼に弾を通すことができるはずだ。暗い塹壕のなかの機関銃兵が見えなくとも、狙撃手は、機関銃の弾の方向から敵の位置を判断し、いるはずのところに向かって撃てる。第二次世界大戦では、狙撃手がこうした塹壕対策の要請を受けることも多かったのである。

手がかりと推測

敵が背後にひそんでいそうなものを撃つのもひとつの手だ。固い遮蔽物なら銃弾をくいとめるだろうが、防御というより偽装として使われている遮蔽物のほうが多い。やぶやドアの陰からライフルの銃身がのぞいているといった手がかりから、敵の位置を推測することも必要だろう。狙撃手が推測だけに頼ることはめったにないが、ときには、知識に裏付けされたものであれば、推測で十分な場合もある。

敵が茂みに隠れて視界から消えたとしても、身をひそめる場所は多くはない。常識を働かせ心理学を応用すれば敵の居場所は推測できるので、射撃自体が重要な場合は、標的が見えていなくとも、ある程度の自信をもって撃つことができる。これは理想的な状況とはいえないが、成功の確率はかなり高い。

狙撃手は、不完全な絵を「埋める」スキルも身につけなければならない。たとえば、車のドアは銃弾をくいとめはしないが、敵の体のどの部位であれ、ドアの向こうにある部分は隠れる。この状況が、多くの射手の命中精度に影響をきたす。ドアの上下に敵の体の一部が見えていたとしても、ふつうは、正確にその敵を狙うのはむずかしくなる。しかし狙撃手なら、狙うものの一部が隠れている場合にも命中精度を下げてはならないのである。

射撃の方法

移動する標的を狙う場合、自動小銃であたり一面を掃射してあたることを望むほかに、ふたつの方法がある。ひとつは、移動する標的の前方に照準点をおき、そこに到達する直前に撃つ。狙撃手は、射撃のタイミングを完璧にはからなければならない。撃つ判断からトリガーを引くまでのごくわずかな時間のズレや、ライフルの「ロック・タイム」（トリガーを引いて弾が発射されるまでのわずかな時間）、また着弾までの時間などを考慮に入れる必要がある。狙撃手が正しければ、銃弾と標的は照準点に同時に到達する。

もうひとつは、クレー射撃で一般に使われている方法だ。標的の後方を起点に動きを追いかけ、標的よりわずかに早く照準点を動かす。十字線が標的を追い越したときに、撃つ。上記のわずかな時間のズレによって、標的が照準点にくるまでわずかな時間があくのだ。

ふたつはどちらも効果があり、状況や、狙撃手の好みに応じて使い分けられる。動きが不規則な標的によく使われるのは、ひとつめのやり方だ。動く速さや向きを変える標的を追うのは、むずかしいのである。

移動する標的

いつ、どこで標的が動きを止めるかを予測することで、移動する標的に命中させることのむずかしさはある程度軽減可能だ。これには、迅速な状況評価と論理的考証が求められる。腕のたつ狙撃手なら、移動中の敵が身を隠しそうなものがわかるし、建物の窓から

軌道と照準線

照準線は、狙撃手の目が照準器を見通し標的をとらえるときの直線である。しかし銃弾が飛翔するときには弾道軌道を描き、わずかに上向きにライフルを出て飛び、重力の影響をうけて降下する放物線となる。初速が速いほど、平坦にちかい軌道になり、短距離ではほぼ直線だ。銃弾の軌道上のどこかに、上方に障害物があると、狙撃手の照準線上にはなにもなくとも、命中しないこともある。

開けた土地を避ける

開けた土地を横断したほうが早い場合でも、狙撃チームは迂回する。横断するときに姿を見られる可能性が高いだけでなく、そこに敵がいれば、接近しすぎた場合には気づかれるおそれがある。チームは、たとえ所要時間が大きく違っても、姿をうまく隠せる茂った木々のなかを進み続ける。

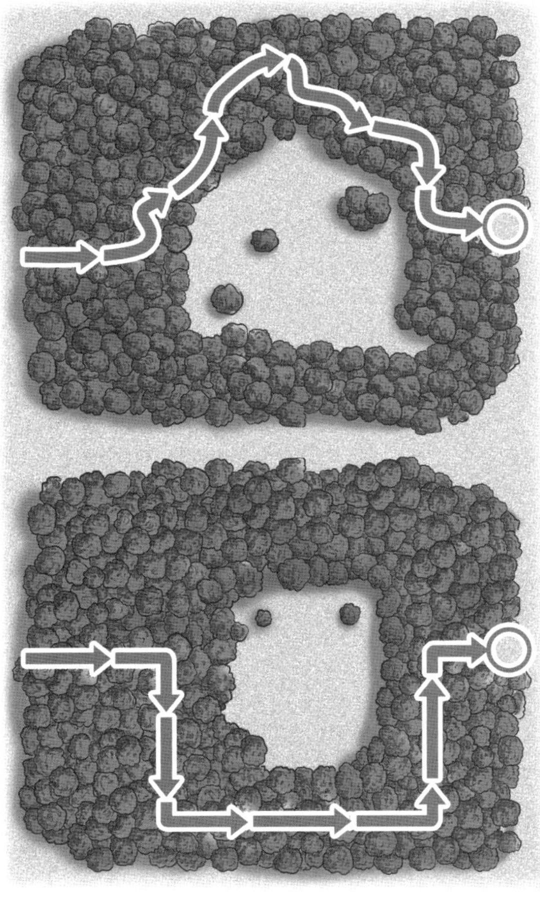

射撃して別の窓へと移るといった、敵の移動パターンも予測できる。これができれば、敵に自分を見失わせたり、敵の予測に反して移動したりすることも可能だ。だが、敵狙撃手が偽装工作を施し、銃撃も受けていない場合には、こちらのパターンを観察し、分析する余裕がある。

敵がどこへ向かうのか明白な場合もある。上級将校がヘリコプターや車両に向かっていれば、それに乗りこむだろう。ドアを開けてもらうときには立ち止まるだろうし、少なくとも、乗りこむときには動きが遅くなる。通信機に向かっていればそれを使うためであり、つまりそこで動きを止めるのだ。

一般兵の動きを予測できることもある。開けた土地を、弾をよけながら走ってくる敵兵がいれば、おそらく遮蔽物のある場所に向かっていて、そこに着けば止まる。その兵士が敵の位置判断を誤っていれば、危険を察知して避難するときに、狙撃手のライフルにすっかり身をさらすこともある。狙撃手は、その兵士が着くまで待ちさえすればよいのだ。

土嚢で守られ、あるいは機関銃が配備された陣地に向かう部隊にも同じことがいえる。武器を手にするときや、少なくとも、しっかりとした遮蔽物を利用しようとするときがチャンスだ。この場合、狙撃手は動いている相手を急いで撃つ必要はない。敵が立ち止まるか、武器の前に配置につくまで待つのだ。立ち止まれば、体全体が見えていなくとも、ずっと狙いやすくなる。遮蔽物の下にしゃがみこんでいるような兵士は事実上戦闘を離脱しているので、別の標的を探せばよい。体の一部でも狙撃手の視界にさらしている兵士がいれば、排除できる。

判断する

このように、狙撃とは、まっすぐに撃ちさえすればよいものではない。狙撃手は、一発のために熟考することを求められる。さまざまな要因を判断し、さらに、標的の行動を予測できなければならない場合もある。これをすべてこなし、射撃陣地につくために必要な監視と隠密行動のスキルを備えれば、狙撃手養成の訓練も修了することができるだろう。一部は身につけたものの修了できなかった兵士も、新たな知識を備えて部隊にもどり、能力の高い歩兵となる。狙撃手の犠牲にならない方法を、仲間に身をもって教えていることもあるはずだ。

今日の狙撃手は、さまざまな高性能の電子機器を補助的に利用してはいるが、多くは何十年もの伝統をもつボルトアクション式ライフルに頼っている。テクノロジーは助けにはなるが、最終的に分析して結果を出すのは、スキルを備えライフルを手にした狙撃手なのである。写真は、アフガニスタンでL96スナイパーライフルを構え、監視任務を行って仲間を支援するイギリス陸軍の狙撃チーム。

第3部

戦場の狙撃手

第７章

狙撃手は大きな作戦や組織の一部だ。共通の目標のためにスペシャリストのスキルを用いるのが、狙撃手である。

狙撃手の作戦

すでに述べたように、狙撃手が単独で任務につくことはまれだ。通常は自軍の部隊につかず離れず配置され、観測手の支援を得て最高の働きを見せる。狙撃チームには安全確保の要員が配されることもある。ただし、これによってチームが大きくなりすぎると、逆効果にもなる。狙撃チームと安全確保要員は、チームが射撃位置にちかづく前に別れる。同じ地域に狙撃チームが数個配置されるときも、分散し、いっしょに移動することは避ける。

現代の狙撃手はふたりか３人のチームで任務を行うことが多く、標定・観測手と、チームの背後を監視して危険に目を配る安全確保の要員などを伴う。

狙撃手が固定陣地や車列の守備に配置される場合は、おそらく部隊といっしょに行動する。この状況では、敵は、狙撃手の正確な位置はつかめないだろうが、兵士のかなり大きな集団がいるのを見逃すことはないはずだ。しかし、狙撃チームが戦場に配置されたり、敵地に入ったりしなければならない場合は、ふたりか３人のチームのほうが探知される危険はかなり小さい。大規模部隊では、身を隠すことはほぼ不可能だ。

主要武器とその他の武器

狙撃手の主要武器は高精度のライフルだが、緊急事態に備え、ピストルや、サブマシンガンを小型にしたような個人防御火器を携帯することも多い。観測手は、セミオートマティック・マークスマン・ライフルなど自身も狙撃銃を所持しており、かなりの速射が可能だ。アサルト・ライフルを携帯する場合もあるが、どちらがよいか一概にはいえない。高精度のライフルをもった２番手がいれば、部隊にもうひとり狙撃手がくわわって効果が上がる。しかし観測手の役割は狙撃手とは異なり、観測手が射撃を行っているとすれば、本来の役割を果たしていないことになる。

安全確保要員である第３のメンバーがいない狙撃チームでは、非常に厳しい状況に陥った場合には、観測手の武器が、唯一その状況を切り開く手段となる可能性もある。この場合の対処法はシンプルだ。狙撃は、スペシャリストである狙撃手と支援する観測手がふたりで効率的に遂行する。身近で緊急事態が生じれば、観測手が激しい銃撃を浴びせて対処するか、脱出を支援す

L115A3 スナイパーライフル

ボルトアクション式ライフルであるイギリス陸軍 L115A3 は、8.59 ミリ、ラプア・マグナム弾を使用する。この弾は 7.62 ミリ弾よりも有効射程が大きい。このライフルは 1500 メートルの射程でも命中精度が高いが、それよりもずっと長距離にある標的の射撃に用いられている実績がある。

るのだ。

武器にかんする方針と狙撃チームの構成は、部隊によってさまざまだ。しかし、チームのひとりを狙撃手とし、この兵士がリーダーである点は共通している。チームの観測手と安全確保要員は、副次的メンバーだ。メンバー全員が非常に経験豊富で正式な狙撃手であったとしてもそうだ。チームがスムーズに機能し、致命的になりかねない失敗をおかさないためには、明確なリーダーシップが必要なのである。

狙撃手は責任を負い、撃つか撃たないか、どの標的にするかといった重要な決断をくだし、さらに射撃も行うのがふつうだ。しかし、追跡や固定陣地への配置が長期におよぶ場合は、疲労防止に、狙撃手と観測手が役割を交換するのも一般的だ。だが観測手が「射手」の任務についていたとしても、責任を負うのは狙撃手として選任された者である。

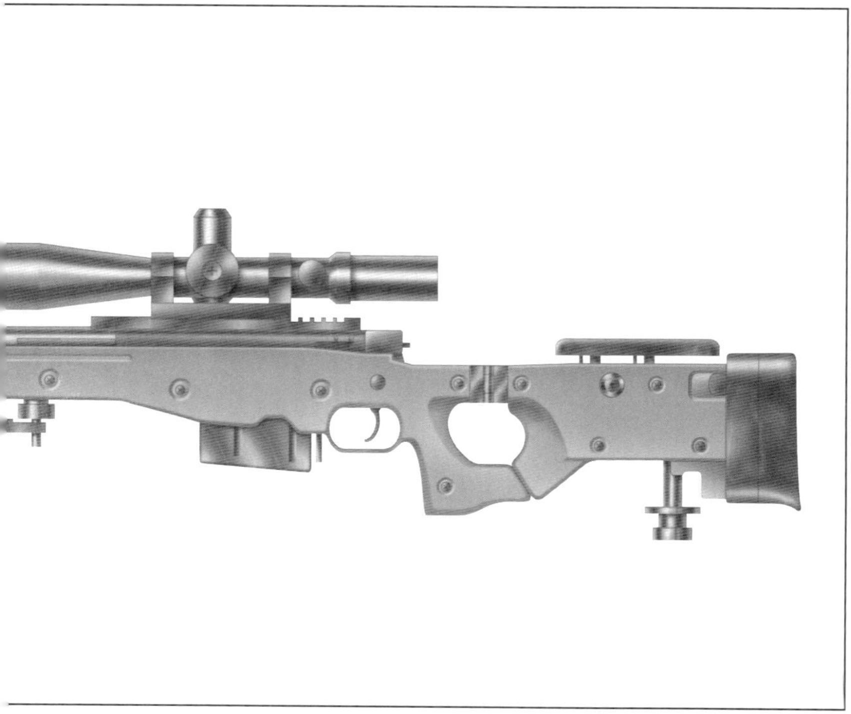

チームによる努力

任務には、緊密な協力が欠かせない。狙撃は、くだされた命令に従うというよりも、チームによる努力だ。狙撃手と観測手は、手信号や体をたたくことで意思の疎通を図ることもあり、それぞれの役割を完璧に理解した経験豊富なチームは、互いの考えや行動を本能的に理解できるまでになっている。狙撃手と観測手の双方が狙撃任務を正しく理解していれば、標的とするグループのひとりに目をやるといった簡単なことでも、意思を伝えられる。実際、優秀な観測手は、狙撃手がつぎにどの標的を選ぶかわかっていることが多いものだ。自分も同じ考えだからだ。

観測手の役割

狙撃手に選任されると、射撃の準備や遂行などの細かい仕事にくわえ、チーム全体を指揮し、チームの行動全般に責任をもつが、観測手にも、観測にかんする特殊な任務が多数ある。標的領域に接近する場合、観測手はチームをその付近まで誘導し、通信装置やナビゲーション用補助機器など必要な装備の操作を担当する。射撃位置にしのびよるようなときには、狙撃手が先導し、観測手は安全の確保を行う。危険の有無を監視し、必要に応じてチームを守り、足跡を消すなど地味な作業も

狙撃チーム

３人組のチームでは、それぞれが責任を明確にしている。狙撃手はまず射手であり、チーム・リーダーだ。観測手は狙撃手の射撃を標定、観測し、長期化した戦闘では射撃を行う場合もある。３人目は安全確保を行い、周囲をまんべんなく監視する。

銃弾の行方を観察する

狙撃手の視界は望遠照準器を通したものなので、かなりかぎられている。観測手の視野は広く、ライフルの反動にも邪魔されない。狙撃手が標的を見失い銃弾の行方を追えなくとも、観測手ならその情報を伝えることができる。これによって、必要に応じて照準を修正したり、射撃の結果を的確に記録したりすることもできるのだ。

担う。チームの仕事の後始末も負い、潜伏場所を元の状態にもどし、なにも証拠を残さないようにするのも観測手だ。

配置につくと、狙撃手を補助し、支援するのが観測手のおもな役割だ。もちろん、安全の確保にも気を配り、チームの行動や監視の記録も行う。観測手は標的を探し、射撃を記録する。狙撃手が放った銃弾の行方も確認する。命中したら、観測手はそれを狙撃手に伝える。はずしたら、観測手は銃弾の行方を知らせ、狙撃手が照準を修正できるようにする。公式にはだれが責任

データを記録する

現代のスポッティング・スコープはデジタル・カメラとの互換性があり、狙撃チームが射撃結果を記録したり、基地にもどって正確な偵察データを渡したりすることもできる。必要であれば画像の送信も可能だ。

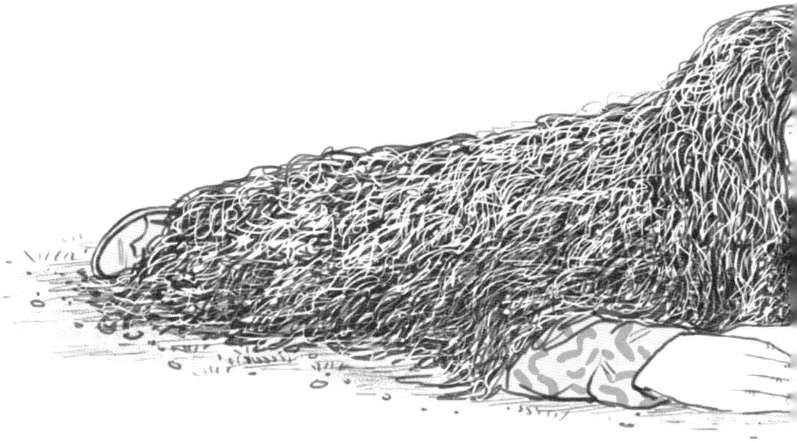

を負うかにかかわらず、仕事の一部は分担する。通常、レーザー測距器などの装置を使うのは観測手だが、風、距離その他、周囲の環境の評価はチームが協力して行う。また、距離カードを記録するのも観測手である。

スペシャリストの活用

狙撃手は通常、固定陣地から人を狙って射撃を行う。しかし、狙撃手のスキルと銃にはほかにも活用法があり、そのどれにもむずかしさが伴う。

強力な銃で精密射撃を行えば、疑わ

対物ライフルを構える狙撃手

対物ライフルは、狙撃任務の大半には大型すぎ、その火力も大きすぎる場合が多い。しかし市街地では、遮蔽物を貫通したり、車両を停止させたりできるので役に立つ。

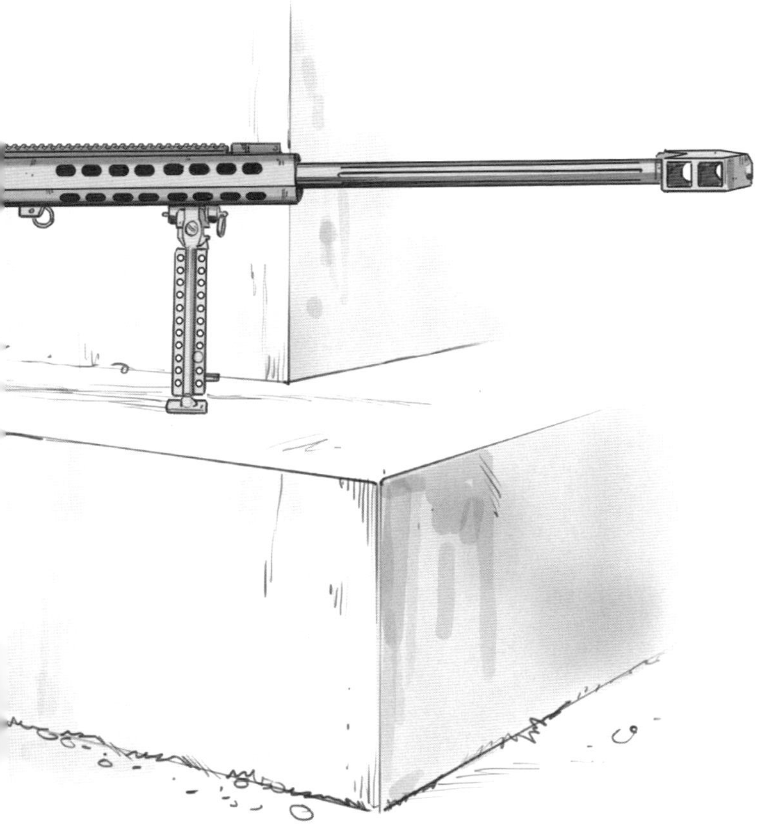

人質のいる状況

可能であれば、銃は使わずに人質の引き渡しを交渉するのがベストだが、犯人が人質を傷つけたり殺害したりしそうな状況では、頭を狙うことしか効果的対応はない。神経システムが働かなくなれば、銃をもっていてもトリガーを引けず、人質は、トラウマにはなるだろうが命は救われる。

しい車両を止めることも可能だ。大口径の対物ライフルでエンジン部を撃てば、大半の車やボートは破壊的損傷を受ける。エンジンが停止した車は動けなくなり、それを確保することもできるが、動いている車両を撃つことは、最適なタイミングを選んでもむずかしい。陸上では、狙撃手はつねに周囲に気を配っていなければならない。そばに一般市民がいる危険があるからだ。

大型弾がエンジン部分に命中せずに車両を貫通すると、エンジンや車体の破片が周囲に飛散する危険がある。弾やエンジンの大きな破片が少し遠くまで飛んでいくことも考えられる。容疑者を負傷させてしまうと、それで問題が生じる場合もある。警察は、自身や他人を危険から守るために殺傷力の高い武器の使用を認められているが、逃亡を試みる容疑者が発砲していない場合は、状況判断がむずかしいのである。

複雑な状況

逃亡中の容疑者が非常に危険だと判断されれば射撃が正当化され、車両を止めるためにエンジンやタイヤを撃っても、正当性を認められることが多い。容疑者が、直接撃たれたのであれ二次的被弾であれ、負傷していれば、法的問題は複雑になる。この点をクリアにするためには、容疑者を傷つけずに一発でエンジンに命中させることだ。

高速で移動する車両

高速で移動する車両に命中させるのは容易ではないし、エンジン部分に確実に損傷を与えるとなるとさらにむずかしい。高速の麻薬密輸船を狙う場合の難易度も高い。狙撃手が、波をかすめて飛ぶように走り、おまけにまっすぐには進まない船舶のエンジンを、飛行中のヘリコプターから狙うよう要請される場合もある。停車や停船の拒否だけでは殺傷力の高い武器を使用する理由とはならないことが多いので、狙撃手は高精度の射撃を、非常に骨の折れる状況下で行わなければならないのである。

人質をとられた状況

人質事件や武装した立てこもりに対処する狙撃手は、巻き添えで死傷者が出ないように、慎重のうえにも慎重に対処することが必要だ。あとで、一般の警官はなぜ「携帯している銃で即座に撃つ」ことができなかったのかと疑問に思ったり、狙撃手や人質救出チームなどスペシャリストが奇跡を起こすことを期待したりする人は多い。

悪い結果が出ると、多くの場合一般人は、その状況下ではそれが最善の策だったのだということを受け入れたがらない。さらに、ほうっておけば死が確実な人質をできるかぎり救おうと努力する機関が、とうてい不可能なことを期待され、それを実現できなかったために訴訟を起こされることさえある。このため、武力の投入はできるかぎり「明瞭」なものでなければならない。射撃には高精度が求められ、銃弾の行方まで目を配る必要がある。人質犯を無力化するための弾が、射程内にいる罪のない人々を傷つけるかもしれず、また犯人を貫通後に、人々に危害をおよぼす可能性もあるのだ。

人質事件では、狙撃手が射撃の命令を受けていても、撃たない決断をしなければならないこともある。自分の射撃に責任を負うのは自分自身だ。射撃に適している状況かどうか一番理解できるのも自分だ。ガラスや薄い壁を打ち抜かなければならない場合には、狙いをつけるのはよりむずかしくなる。通常、人質救出作戦では、狙撃手は犯人を即時に無力化する必要がある。犯人の生死をうんぬんするのは非現実的であり、即時に無力化しようとすれば、殺害を意味することがほとんどだ。人質の命を救うつもりなら、犯人にトリ

マクミランM87R対物ライフル

狙撃用のライフルと標的射撃用ライフルには共通点が多く、大半が人間工学にもとづいた銃床とグリップを備える。軍用ライフルでは、フラッシュ・ハイダーやマズル・ブレーキ、二脚の装備はごく一般的だが、標的射撃用ライフルではあまり見られない。

ガーを引く余裕を与えないことが重要なのである。

軍の狙撃手は、理想的とはいえないが、失血やショックで標的を死にいたらせることも多い。敵将校の排除が目標であれば、撃たれた将校が死亡したのが２時間後であっても任務を遂行したことになる。しかし人質犯を即座に倒せないと、人質数人を道連れにする危険もあり、これはとうてい受け入れがたいことだ。

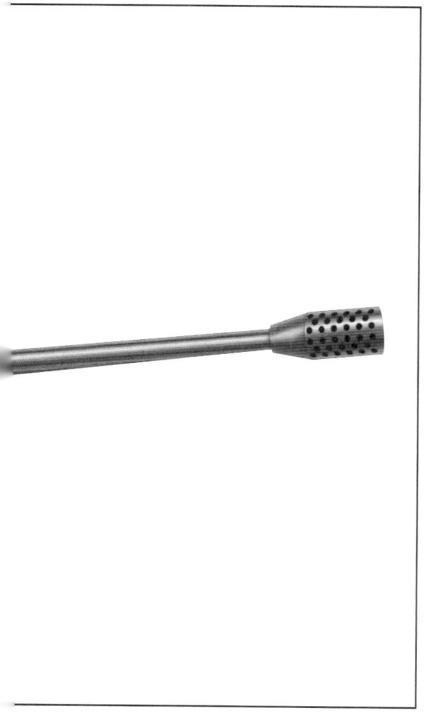

対物射撃

対物射撃にも高い命中精度が必要だ。支援兵器やアンテナなどを狙うときは要所に命中させなければならず、狙うのはごく小さな部分である場合が多い。爆発物処理（EOD）の任務にも同じことがいえる。通常これは狙撃手の仕事ではないが、大型の対物ライフルが爆発装置の破壊に使用されることもある。

動かないものはさほどむずかしい標的ではないが、命中して爆発すると危険であり、射手がちかづくにも限界がある。このため、安全な距離を保ち、爆発装置や不発弾、不審物を炸裂弾で破壊する能力が、狙撃手には欠かせない。治安部隊への攻撃に、即席爆発装置（IED）が使われる頻度が増している。狙撃でこれを処理すれば、非常に高価な装置を配備したり、専門兵を危険にさらしたりせずに、この問題に対応することが可能なのである。

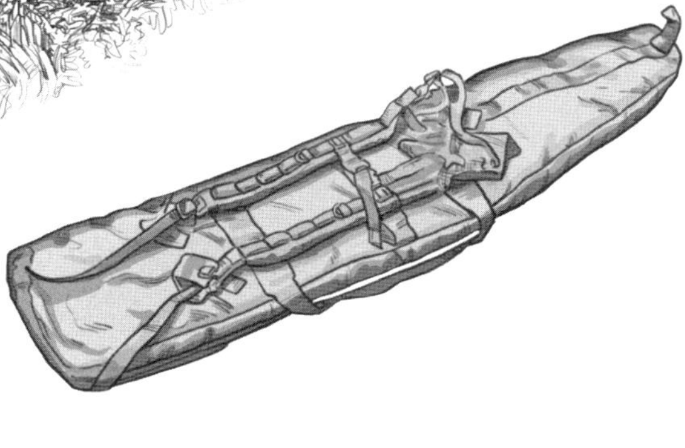

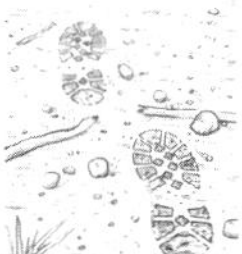

第 **8** 章

狙撃手は戦場で長時間を過ごすが、多くは軽装備である。日々のサバイバルにおいて、柔軟な対応が必要なのである。

戦場の狙撃手

狙撃手は、安全な基地を出た瞬間から敵の攻撃を受ける危険にさらされ、友軍から撃たれる可能性さえある。狙撃手がいるとは知らない友軍の部隊が、狙撃手が身を隠す地域に砲撃や航空支援を要請することもある。また、自軍の狙撃手がいることに気づかず、敵が隠れていそうな場所に「射撃による偵察」を行ったり、反撃したりするかもしれない。無差別射撃や友軍による攻撃で狙撃手が死傷するのは皮肉な事態であり、望ましくないことでもある。

狙撃手は、日々の戦いにおいて機略にすぐれていなければならない。敵が警備する陣地を迂回したり、追跡をかわしたりするときにはなおのことそうだ。追跡や回避のスキルも磨かなければならないのである。

捕虜

このように狙撃手は、敵味方のどちらからも攻撃される危険がある。しかし敵の脅威のほうがはるかに大きく、また、狙撃手が捕虜となったからといって危険がなくなるとはかぎらない。捕虜を処刑、拷問するような敵の手に落ちると、狙撃手はおそらくどの捕虜より劣悪なあつかいを受ける。だがそうではない良心的な部隊であっても、狙撃手が投降してきたら、殴ったり撃ったりするくらいの憎悪を抱いている可能性はある。

捕虜になった狙撃手がかならずひどいあつかいを受けるとはかぎらないが、戦闘部隊には敵狙撃手に抱く特別な嫌悪感があり、狙撃で死傷者が出たばかりのときはなおさらだ。投降は免れないと思う狙撃手、あるいは投降を命じられている部隊の一員である狙撃手は、一般の歩兵に見えるよう策を講じるという手もある。多くの戦闘部隊では、相手に対してとくに憎悪を抱いていない場合は、敵を「自分と同類の兵士」とみることが多く、もはや脅威ではない兵士に対しては人道的に接するものだ。

自分の偽装用やスペシャリスト用の装備、記章を捨て、スナイパーライフルではなく歩兵ライフルをもって捕虜

即席のパトロール用アンテナ

狙撃手はさまざまな通信装置を操作でき、また戦場で装置を使える能力がなければならない。簡単な支えを使えば、即席のアンテナを張ることもできる。狙撃手は通常、建物の密集した地域から離れているようこころがけているので、木を利用することが多い。

となれば、狙撃手もほかの歩兵と同様のあつかいを受けるだろう。あるいは、捕虜にだけはなってならないと判断する場合もあるだろう。狙撃手であれば即刻射殺するとわかっている敵に降伏するくらいなら、このうえなくリスクが大きくとも、別の道を選んだほうがましだ。過去においては、退路をふさがれた狙撃手が踏みとどまり、倒されるまで撃ち続けたこともあった。覚悟の死を迎えたが、おそらくは時間かせぎをして奇跡を待ったのだろう。

任務の計画立案

狙撃手なら、自分を殺害する危険のある敵に降伏するか、最後まで戦うか、あるいは破滅的状況を逃れるために捨て身の賭けに打ってでるしかない、という立場にはおかれたくないものだ。任務を遂行し、敵に探知されることなく基地にもどるのが理想だ。これは、任務の有効な計画立案と豊富で正確な情報によるところが大きい。情報は、作戦遂行中の狙撃手たちが、偵察の役割も果たすことで提供してくれる。狙撃手が観察によってもたらす情報のすべてを友軍が共有すれば、成功の確率の高い任務の計画作成が容易になり、狙撃チームを極度な危険にさらすこともなくなるのだ。

計画立案のさいは、標的領域の地図や写真から敵陣容や配置の情報評価まで、利用できる情報はすべて活用する。その地域に展開する敵の規模と一般市民の活動状況は重要だ。敵部隊の布陣の全容もできればつかみたい。こうした情報のすべてが信頼できるわけではなくとも、敵の反撃の能力や迅速さ、効果的なパトロールを行っているのか、その他の警備対策はとっているのか、ある程度把握することはできるだろう。

潜入と脱出

狙撃チームはまた、敵陣地とパトロール・ルートについての情報をうのみにするわけにはいかないが、そこからある程度のことは推測できる。精力的にパトロールを行う敵なら、つねに、非常に険しい地形もルートに入れて探索する危険があるが、一般には、決まりきったルートをパトロールすることが多いものだ。その地域で戦闘がほとんどないか、まったくない場合にはなおさらだ。まちがいなく監視所や部隊が配置されているポイントもあれば、防御陣地をおきそうにない場所もある。これを確認することで、絶対に避けるべき地域を迂回するルートの作成が可能になり、狙撃手が敵と接触せずに標的領域に潜入し、そこから脱出する好機も生まれるのだ。

計画作成にさいしては、その地域に展開する友軍の部隊や、コール・サインなど通信手順にかんする情報を知ることも必要だ。チームは、支援と補給をどの程度、どういう形で受けられるのか明確にしておく必要がある。土壇場で新しい計画にすることも可能ではあるが、作戦全般の計画作成に必要なデータのすべては、前もって把握しておかなければならない。大きな状況変化によって、計画の立て直しや任務の延期が必要となることもあるだろう。任務を続行し、その場で新たな計画を作るのは、どうみても危険だ。

ヘリコプターの降下

ある地点を目指して飛び、しばらく止まってからもどっていくヘリコプターは、なにかが進行中であるというかなりはっきりとした手がかりになる。狙撃チームがヘリコプターで潜入したり、ヘリコプターによる補給を受けたりするときは、通常はヘリコプターがその周辺地域の数ヶ所に「立ち寄り」、少なくともチームの降着地点を正確に突き止められることがないようにする。

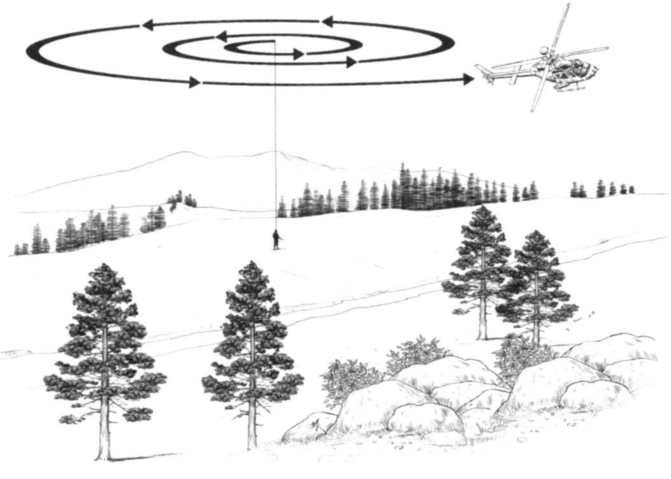

決死の方策

どうにもうまい計画作成ができず、また作成する余裕がない場合もある。こうした状況では、なんであれ、狙撃チームが危険な企てを実行しようとしても通常は却下される。しかしこれまでには、狙撃手が、命の危険にさらされた仲間の支援に向かうといって引き下がらないこともあった。1993年のモガディシュでの一件がそうだ。墜落したヘリコプターのパイロットを守るために、ふたりの狙撃手が自ら志願して戦闘地域に入ったのだ。

ヘリコプターの残骸を守る以上のプランもなく、すぐに支援を受ける望みもない状況で、狙撃手は殺害されるまで、敵をしばらく食い止めた。狙撃手は、派遣を申請した時点で（２回却下され、３度目に許可された）その危険を理解していたが、とにかく行くこと

すぐれた計画

　何時間も体を伏せて敵斥候をやりすごすときも、銃撃戦を行うときにも、同じように多くの勇気が必要だが、すぐれた計画があれば危険はいくらか軽減される。すぐれた計画とは、すべてを完璧にこなした場合の任務の進行について青写真を描くだけのものではない。協力のための枠組みであり、状況の変化に応じて新しいプランを作成するさいのベースとなるものだ。作戦の計画立案に費やした時間は、狙撃チームにとっては一種の生命保険ともいえる。
　すぐれた計画は狙撃手の任務遂行の助けになるばかりでなく、配置後は、これにもとづき正しい判断も行える。敵が接近してきた場合には、計画どおりに進められることなどめったにないが、適切な計画作成がなされていれば、狙撃手は起こりうるさまざまな事態に対処できるし、少なくとも、変更すべき部分はわかる。狙撃手はまた、少なくとも一般論としては、自分と、その作戦にかかわる部隊がなにをすべきかを理解している。そのため、計画がうまくいかない場合に友軍の部隊がとる行動を的確に推測し、友軍を支援し、あるいは自分が援護を受けられるような位置につくことができるのである。

を選んだ。このような勘と経験に頼った勇敢な行動は、狙撃手がとるべき計画的行動とは対極にあるが、しかし、このときはほかに選択肢はなかった。ふたりの狙撃手は、死後、栄誉賞を授与された。

規則と危険

　作戦計画はすべて、交戦規則に従い、戦闘に伴う危険を考慮しなければならない。明確に戦闘地域と規定される場所であれば、狙撃チームは、敵だと確認できる相手とは自由に交戦できる。だが、銃撃する相手にかんする規制によって、狙撃手の任務遂行がむずかしくなる状況もある。規則といっても複雑なものではなく、相手は敵であるため射撃は合法だと判断する前に、武器所持の有無を確認すべきだ、という程度のものだろうが、状況しだいではややこしくなる。警察では、交戦規則が非常に厳格に適用されることが多く、射撃は、行為と武器所持の両方にもとづいて判断される。銃を所持してはいるが、すぐには敵対的行動に出ないのが明らかな相手は、標的にはできても手をくだせない場合がある。

狙撃手の移動

狙撃チームは、身を隠すことと機動性とのバランスをうまくとらなければならない。チームが発見されると任務の完遂はむずかしいかもしれないが、目標に到達できないチームは役立たずも同然だ。移動は、安全な地域では迅速に、標的にちかづけばゆっくりと慎重になるのが一般的だ。

狙撃手を迅速に配置するためには、ヘリコプターや車両で直接送りこむのもひとつの手だ。敵が監視している場合には目につきやすいが、ほかにもさまざまな活動が行われていれば、狙撃手が降着した地点まではさとられないだろう。このほか、パトロールや強襲部隊がヘリコプターで投入され、任務を終えたら撤退するが、狙撃チームは偽装陣地に残る、という方法もある。

車列

任務遂行中の車列を活用して、狙撃チームを降ろす例もある。この方法は、チームを目標にちかづけるためや、車列自体の安全対策にも利用される。同じように、歩兵のパトロール隊に狙撃手がまぎれて、かなりすばやい行動で身を隠すことがある。パトロール隊は予定地域を移動し、途中さまざまな地点で立ち止まる。狙撃チームもパトロール隊といっしょに移動して、タイミングをはかって姿をくらますのだ。狙撃手が偽装陣地に移動するまで、パトロール隊が陽動作戦を行って敵監視者の注意を引くことも可能だ。

狙撃チームを回収するときの援護にも、同じ手段が利用できる。定期パトロールを行う部隊が数人余分な兵士ともどったように思えても、たいして敵

撃って動く《シュート・アンド・ムーブ》

同じ場所にとどまる狙撃手は、発見されたり、反撃されたりしやすくなる。撃って別の場所へと動くという原則は、一般には賢明な判断ではあるが、敵が接近している場合の移動には、つねに危険がつきまとう。このため狙撃手の多くは、その一発が最大の効果を上げるものであるよう、慎重に検討する。居場所を突き止められる前に撃てる弾数はかぎられている。射撃によって得るものと、そこから生じる危険をはかりにかけなければならないのである。

移動の痕跡

狙撃手も、狙撃手を探す者も、人の通った跡をみつけるのに熟達していなければならない。狙撃手の側は、できるかぎり跡を残さず、また跡を消すか、必要であれば偽の痕跡を残す訓練を受けている。

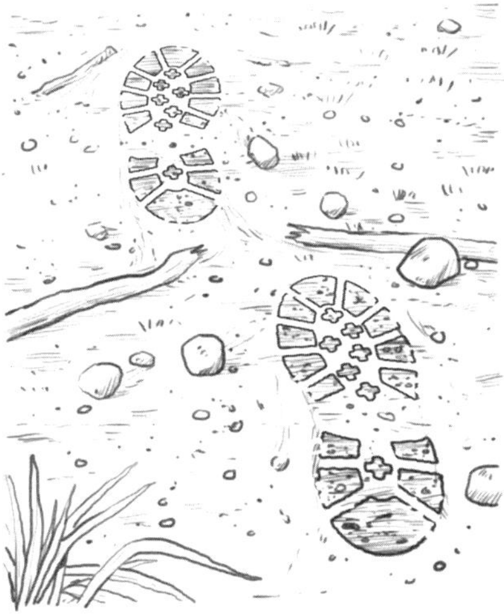

折れた枝

新しいクツ跡

乱れた植物

川岸のクツ跡とすべった跡

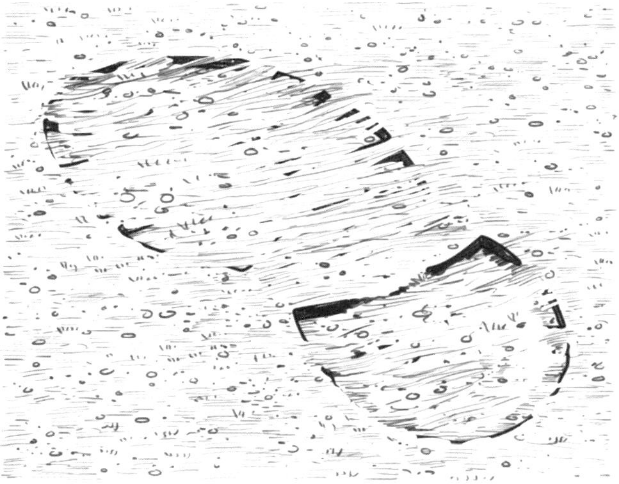

雨でくずれたクツ跡

の注意は引かないだろう。こうすれば狙撃手の潜伏場所は知られず、狙撃チームがその地域に配置されていたという事実を隠せることにもなる。監視を続行している、あるいは射撃の機会に恵まれなかったチームは、また同じ地域にもどろうとする場合もある。敵が、狙撃手がいたことに気づいていなければ、探索が行われる確率も低いのである。

カムフラージュ

狙撃チームがほかの歩兵と行動をともにするときは、狙撃手だと見分けが

逆行して歩く

偽の痕跡を残したいときには、隠したいものをある程度通り過ぎてから、自分の足跡を踏んで後ろ向きに歩いてもどるのもひとつの手だ。進行方向に向いたクツ跡ばかりを追っていると、ほんとうに向かった地点へと分かれているポイントを見逃す可能性がある。

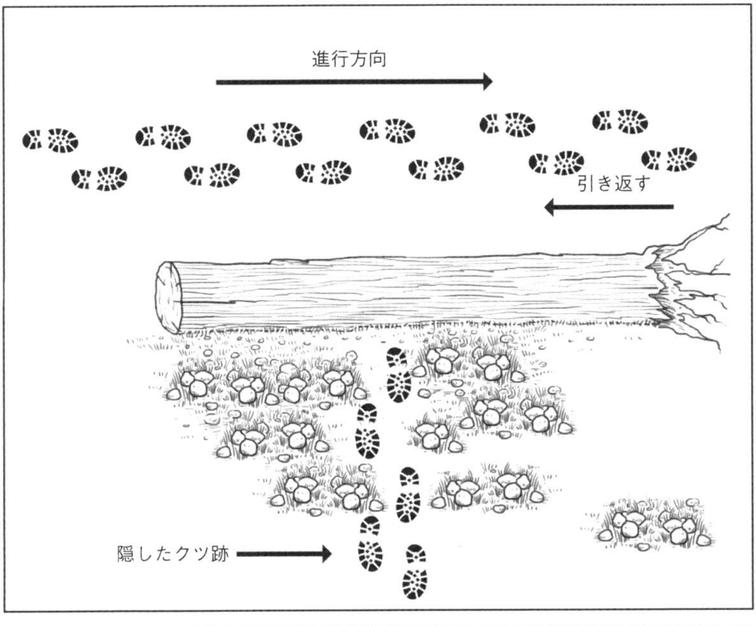

つかないことが重要だ。ギリー・スーツやスポッティング・スコープなどスペシャリストの装備は見えないようにし、ライフルは、監視者がその独特の形状を判別しづらいように、体に密着させてもつ。狙撃手はほかの歩兵と同じ服を着て、同じ装備を携帯し、とにかく目立たないようにすべきだ。これは、歩兵部隊といっしょに行動するかぎりは、その一員であるように見せるためだ。部隊と別れたら、狙撃手は十分にカムフラージュを施し、自分たちの任務に不要な装備は隠す。通常は、狙撃手はほかの部隊が移動しているあ

しかし、偽の痕跡はどこかで終わるはずなので、よく探せば本物はみつかってしまう。裏をかくためには、敵の追跡者が引き返さずに遠くまで跡を追うように、跡が残りづらい硬い地面で偽の痕跡を「終わらせる」とよい。

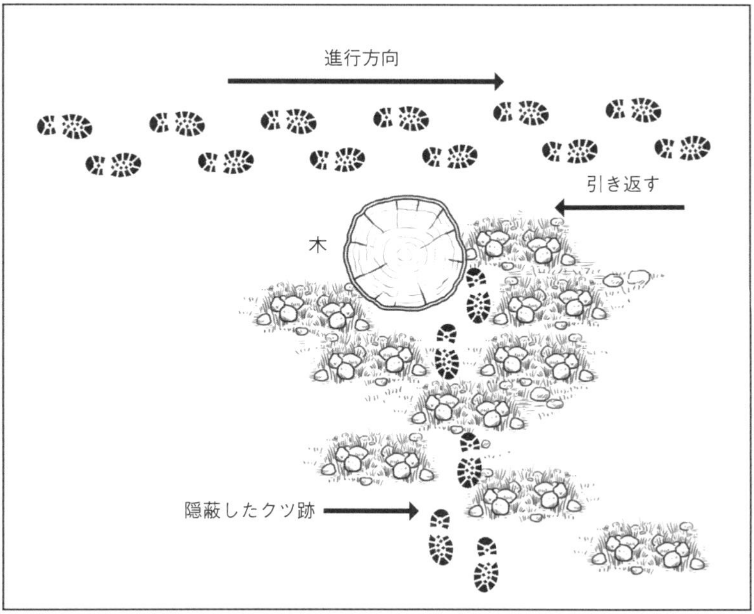

いだは動かず、しばらく監視して、自分たちや歩兵部隊が監視されていなかったか確認する。歩兵部隊が保安要員の役割をはたして、狙撃チームを標的領域に運んできたときにも同じことがいえる。安全確保の要員が次の目的地へと向かったら、狙撃チームはしばらく待機してから標的領域への接近をは

戦場で工夫するカムフラージュ

戦場では、植物や麻布、衣類など、その場にある、目立たずふさわしい色のものならなんでもギリー・スーツに利用できる。手間暇かけて作ったギリー・スーツを利用できる場合でも、周囲の植物を取り入れることはよくある。すでにそこにあったものほど、周囲によく溶けこむものはないからだ。

じめる。

ほかの部隊と別個に行動する場合には、姿はうまく隠したまま、狙撃チームは驚くほどのスピードで地上を移動する。狙撃手は、隠密性とスピードとのバランスをとる訓練を積んでいる。もちろん絶対ということはないが、簡単には発見されず、かつ十分に速いペ

ースで移動するのである。狙撃チームは、つねに周囲に目を配ることで、自分たちが発見される前に敵に気づき、隠密裏に配置につくこともできるのである。

異なる考えかたをする

狙撃手は、一般的な人々がとる行動や習慣を捨てさらなければならない。地上を移動する場合、一番簡単なルートをみつける能力があれば一般には役

道を横切る

小道や道路にぶつかるときには、偽の痕跡を残すことができる。狙撃チームが実際には別の方向に向かったのに、それとは違う方向に移動したと思わせるのだ。固い路面があれば、チームがその道に足を踏み入れたときに、わずかではあるが方向を示す足跡を「うっかり」残したことにして、そして固い路面を引き返して別の方向に向かうのだ。

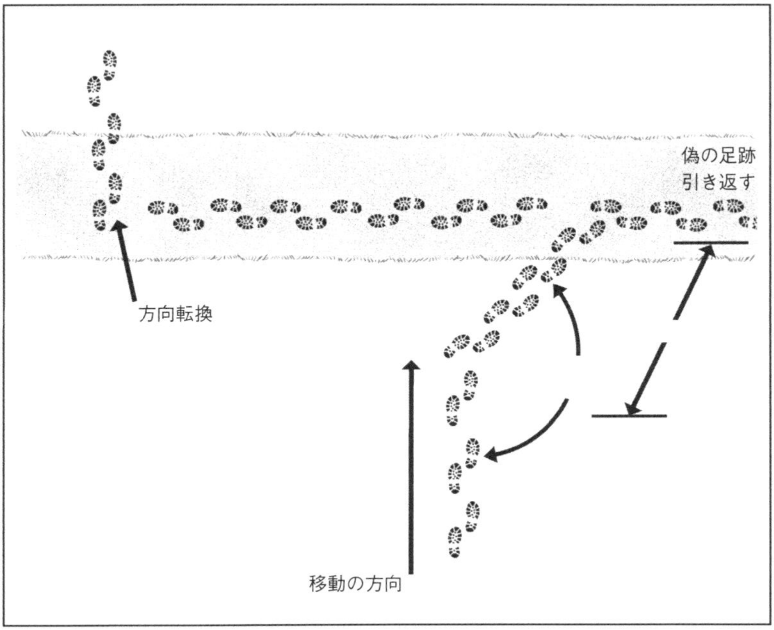

に立つだろうが、狙撃手はわかりやすい道を避ける必要がある。待ち伏せやブービー・トラップが仕掛けられている可能性が高いうえに、敵パトロールも簡単なルートを選んでいれば、遭遇する危険がある。

このため狙撃手は、あまりにペースが落ちたり疲労が激しくなったりすることは避けつつ、うまく偽装工作が行え、敵が使いそうにないルートを選べ

釣り針

「釣り針」は、追跡者がいると疑われるときの待ち伏せや、あとを追ってくる者がいないか監視する場合に利用できる手だ。名前のとおり、狙撃チームは大きな弧を描くようにして引き返し、潜伏場所に行く。そこから、通ってきたルートを監視する。

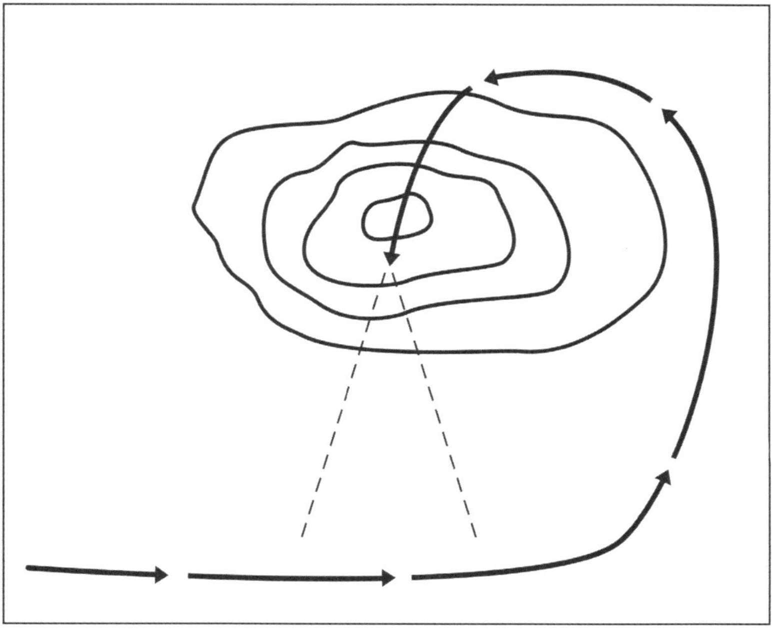

遠回りの移動

戦場では、最短の直行ルートが狙撃手にとってベストなものであることはめったにない。苦労しながら障害や危険を回避し、つねに偽装工作を考慮して進まなければならない。忍耐力がなく、注意を怠るようになった狙撃チームは、発見され、捕虜となるのがせいぜいだろう。

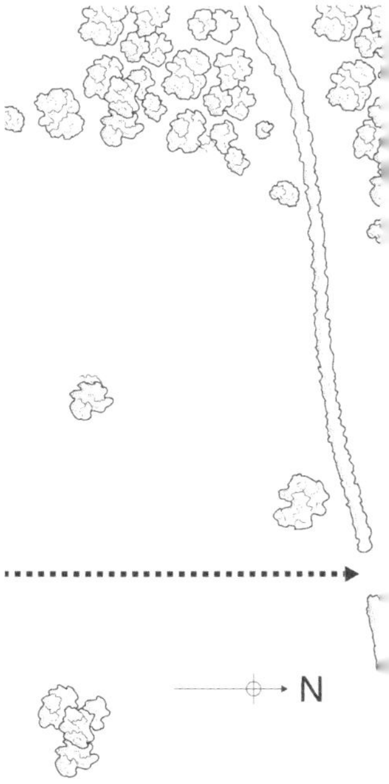

ることが必要だ。つまり狙撃手は、極力、通りや道路などを離れ、そこを横切るときにも念には念を入れなければならないのだ。一方、密生した植物は人の目をうまくさえぎってはくれるが、そこを移動するときには非常に時間がかかるし、音も出る。

日中の移動は、姿を見られる危険が大きい。人の目は、動いているものにひきつけられる。急な動きだったりぎくしゃくしたりしていればなおさらだ。一定していて、かなりゆっくりとした動きは、あまり注意を引かない。また、影も有効に利用すべきであり、自分の影は見せないようにする。狙撃手は、尾根の背を移動して「空を背景に」浮かび上がるようなことはしないし、背後にあるものにも注意をはらう必要がある。いくらカムフラージュを施していても、建物の壁を背にしてそこにいるのがわかれば効果はないのだ。

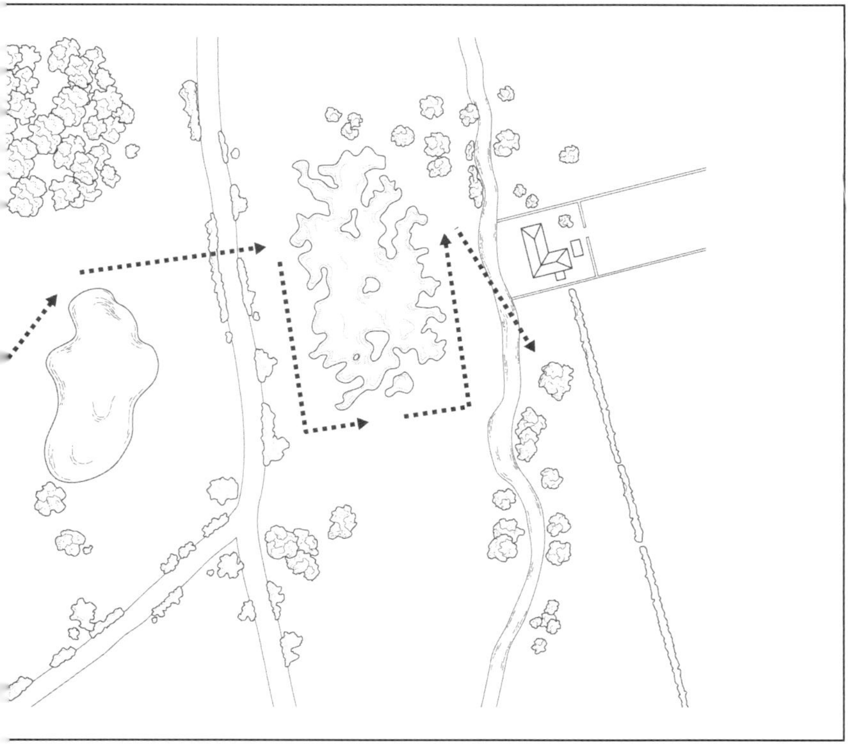

姿、音、におい

お粗末なカムフラージュはかえって狙撃手の存在を告げかねない。人の目は、見慣れた輪郭はすぐに見分けるので、カムフラージュは、くっきりとしたラインをもつものではなく、狙撃手が背景に自然に溶けこむようなものでなければならない。ヘルメットやライフルの輪郭はとくに、直線をなくして「形をくずす」必要がある。ライフルを「ドラッグ・バッグ」で携帯すれば、ギリー・スーツ同様のカムフラージュになる。レンズその他、光沢のある表面は反射しないように注意する。双眼鏡のレンズが反射すれば、お粗末なカムフラージュどころではなく、狙撃手がここにいると教えているようなものだ。

夜間には、発見されづらくはなるが、音やにおいを探知される危険がある。装備は、移動時に音をたてないよう固定し、使ったらかならず固定しなおす

予測可能な行動

未熟で訓練不足の射手は、他人が予測できるような行動をとり、自らを危険にさらす。一発撃つごとに同じ建物内の別の窓に移動する。あるいは、壁の一方から撃って、はってもう一方の端に移動してまた撃つ。この程度の動きしかできなくとも、歩兵だけで近接戦を行い、相手に射手のパターンを分析する余裕がない場合にはあざむけるかもしれない。しかし、監視につく狙撃手がいれば、その射手がつぎにとる行動を予想するのはむずかしくはないし、射手が射撃位置につくときには、狙撃手がすでに狙いを定めている可能性もある。同様に、いつも同じ射撃陣地を使い、撃ったらそこを出ることを繰り返している射手は、射撃陣地にあるときには撃たれにくいかもしれないが、射撃後に裏口に出てきたときや、屋上を移動するときには、狙撃手にとっては格好の標的になる。

ドラッグ・バッグ

「ドラッグ・バッグ」は戦場でライフルその他の装備を携帯するためのもので、起伏の多い険しい地形をひきずっても装備を保護してくれる。

点は重要だ。たまたま音をたててしまっても、気どられなかったり、聞こえていなかったりするかもしれないが、声は、付近にパトロールがいるような場合にはすぐに気づかれるものだ。音は夜間にはかなり遠くまで聞こえ、においも遠くまで伝わる。戦場では、においが強いシェービング・クリームやせっけんなどは使わず、調理のにおいにも注意しなければならない。

移動中の狙撃チームは、その地域に

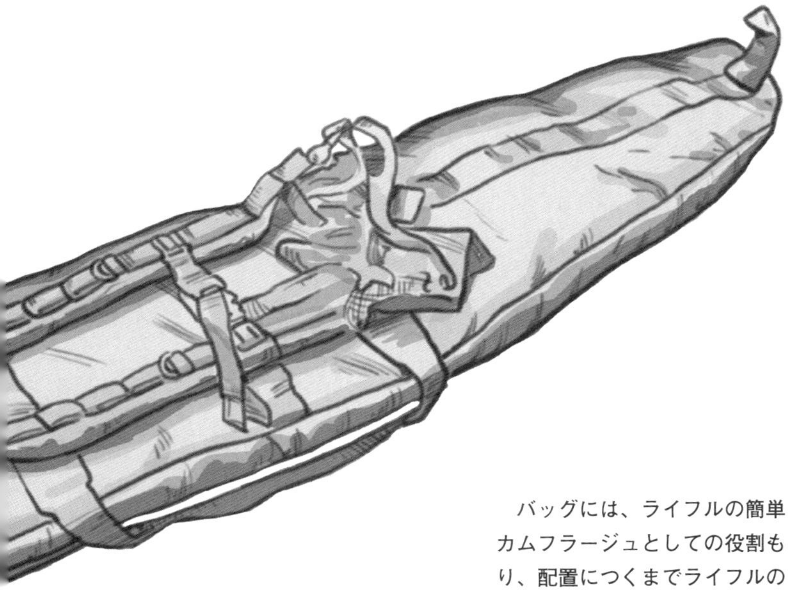

バッグには、ライフルの簡単なカムフラージュとしての役割もあり、配置につくまでライフルの目立つ形を隠す。

敵のパトロールや斥候がいて、目を光らせているという仮定のもと行動する。チームは事前に計画を立て、ゆっくりと慎重に移動する。つぎの陣地に入る前には止まって監視し、自分たちの行動に気を配るのにくわえ、通るときにふみつけた下ばえなど痕跡を残すものや、鳥や野生動物を騒がせる危険性にまで目を向けるのである。

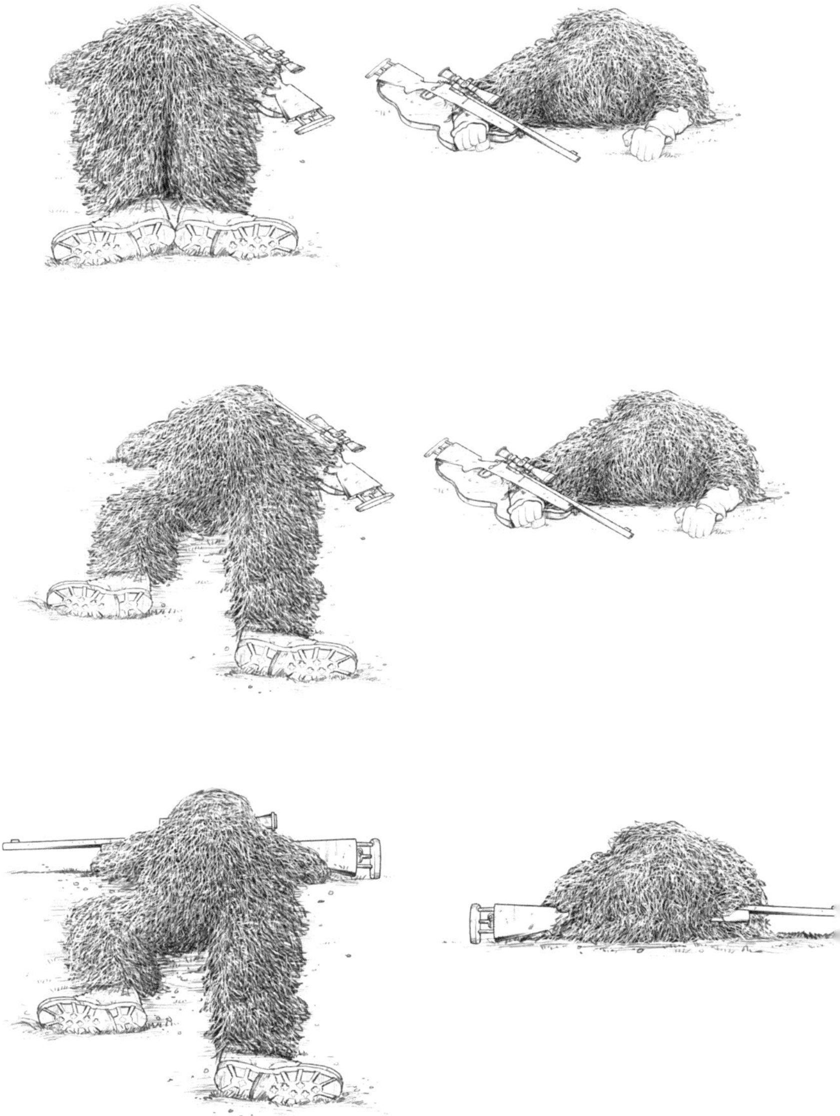

第9章

効力を発揮するためには、狙撃手は、忍耐力と、察知されずに移動する能力を高めることが求められる。

敵と接近して

狙撃チームは、目標物にちかづくにつれ、動きは遅く、隠密性を高くしなければならない。敵パトロールが接近すれば、じっと動かず、パトロールが通り過ぎるのを待つ。交戦するのは、発見される危険が大きい場合のみだ。

交戦する場合も、接触を断って、できるだけ迅速に逃れるのが目的だ。敵に発見されて交戦するような状況では、任務を中止し、基地にもどらなければならない場合が多い。警戒した敵はさらに接触を試み、任務の遂行はかなりむずかしくなるのだ。

狙撃チームが敵と接触せずに標的に接近することができたら、射撃位置に入るときには、ゆっくりと、慎重に行動する。かなりの距離から射撃を行うときや、標的が現れるのを待たなければならない場合には、潜伏場所を設営することもある。

潜伏場所は、いつも作れるとはかぎらない。射撃を行うときに、周囲の自然を利用して姿を隠さなければならないことも多い。

一般に、狙撃手が敵にちかづくほど、移動は遅くなる。接近する場合の最初の数キロメートルは、ある程度スピードがある。敵にちかづくと、メートルやセンチ単位で接近していく。

匍匐

自然な遮蔽物があって「死角」ができる場合は（たとえば低い土地にいて、

徹底した低姿勢匍匐と低姿勢匍匐

徹底した低姿勢匍匐（左）は非常にのろのろとした動きだ。観測手でも、狙撃手の動きに気づかないことがあるくらいだ。このようにして射撃位置に移動するには大きな忍耐が必要とされ、周辺地域に敵がいる場合には、勇気と自信もいる。低姿勢匍匐（右）は、ある程度安全な場合に、もう少し速く移動するときの匍匐姿勢だ。

脚はそろえる
——つまさきで押して進む

指でひっぱる
——ライフルはスリングをつかむ

地面に腹ばいになる
——脚で押して進む

腕でひっぱる
——ライフルはスリングをつかむ

「銃弾をひきよせる磁石」

狙撃手の仕事は、銃撃を受けているときにはさらにむずかしくなる。その銃撃が、実際には付近の陣地から撃ちまくる大勢の不器用な銃兵を狙っているのであってもそうだ。友軍の部隊と接近しすぎていると、友軍が砲撃を受けたり、友軍の陣地が敵に襲撃されたりする場合は、狙撃手も巻き添えをくうことがある。しかし実際には、仲間がこうして注意を引いてくれるので狙撃手には好都合なのだ。仲間の部隊と十分に距離をおいているかぎり、交戦中の敵は狙撃手のほうには注意を向けないからだ。

地形が障害物となって敵の視界をさえぎるような場合)、狙撃手は、多少なりとも歩いて配置につける。とはいえ、匍匐で移動しなければならないことのほうがずっと多い。狙撃手の体がより地面にちかく動きが遅いほど、発見される可能性は小さくなる。しかし、匍匐では動きが非常に遅くなるため、状況に応じて体の高さを変える。

手と膝ではう

「匍匐」のなかで一番速いが隠密性は一番低い。ライフルを腕で抱え、スコープは脇で包みこむ。体を膝ともう一方の腕で支え、できるだけ速く移動して配置につく。体は地面から完全に離れている。

高姿勢匍匐

これは歩兵が行うものと似ている。ライフルは体の前にしてひじをまげて抱えこむ。体はひじと膝で支え、体は地面のすぐ上にある状態だ。

低姿勢匍匐

速度と隠密性の双方を考慮する場合に行う。ライフルは、スリングをもって運ぶ。地面に腹ばいになり、脚で体を押し、腕で引っ張って進む。

徹底した低姿勢匍匐

隠密性が大きく求められる場合に用いる。これも、スリングをもってライフルを引っ張る。脚はそろえ、つまさきで体を押し、指で引っ張って進む。動きは非常に遅く、一般に、敵とごく接近しているか、射撃陣地に入るときにのみ用いる。

攻撃や脅威

狙撃チームが攻撃を受けたり、敵部隊の接近という脅威にさらされたりし

低姿勢匍匐

　匍匐する場合、ライフルはスリングをもってひきずるか、腕に抱える。こうすればギリー・スーツで一部が隠れるが、はって進むさいには銃身と銃床が動いてしまうので、注意を引くことにもなる。

ひじと膝で体を支える

ライフルは腕に抱える

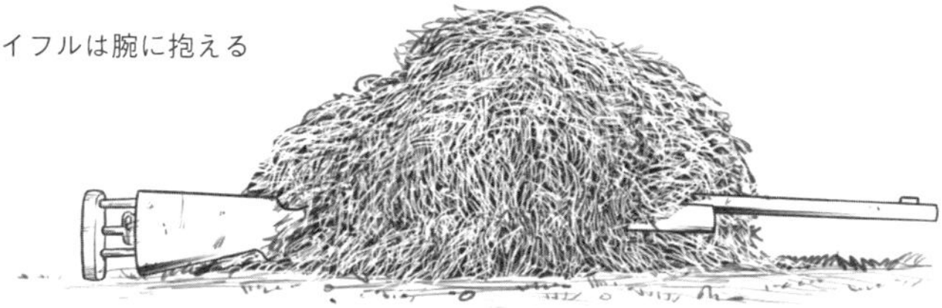

手と膝ではう

手と膝ではっても安全な場合は、ある程度速く移動できる。もちろん、いくらか、であり、「匍匐」はけっして速い移動方法ではない。

脇でスコープを抱えこむ

た場合は、身を隠すか、接触を避けて移動するほうがよい。敵パトロールが停止し、そこにしばらくとどまる場合にはそうするしかない。しかし、その地域に敵パトロールが拠点をおいているため、狙撃チームが敵のパトロール・ルートから出るか、別の射撃位置をみつけなければならないこともある。

迫撃砲による攻撃

狙撃チームが迫撃砲や砲による間接射撃を受けている場合、偽装工作には手をぬかずに、できるだけ迅速に標的領域を出る必要がある。そこを離れた

ら、標的にちかづく別のルートを探す。航空機による攻撃を受けている場合に、身を守るのはなにより偽装工作だ。航空機は長時間旋回できず、移動が速いことが多いので、標的を見失うと、ふたたびみつけることはあまりない。このため、狙撃チームはうまく身を隠せる場所をみつけ、航空機が視界を出るとすぐに、もっとうまく隠れられる遮蔽物へと移動する。航空機が捜索にもどってきたら、飛び去るまでそこに身を隠したままでいる。

敵パトロールと接触したら、迅速に接触を断つ必要がある。発煙弾を使えばチームはそれにまぎれて撤退できる。また観測手が激しい射撃で敵をいく人か倒し、仲間に避難をうながせば、敵はチームを見失う。とどまって銃撃すれば、敵にその場で追跡を断念させる可能性もある。追跡に入った最初の敵兵を正確にしとめることができれば、残りは戦意喪失することがある。しかしつねに、目指すべきは移動と偽装工作によって接触を断つことだ。敵がいったん狙撃チームを見失えば、チームが近くに身をひそめていたとしても、再度接触することは不可能だろう。

犬

犬は狙撃チームにとって深刻な脅威だ。幸い、定期パトロールにつねに配備されているわけではない。犬は、狙撃手が通ってから長時間経過していても、においで追跡できる。固定した配置についている警備犬も同じく危険だ。犬を撃てば問題は解決するので、守りの固い基地に潜入するときには、この手段を選ぶこともある。ベトナム戦争時代のアメリカ軍特殊部隊隊員がよく使った抑制器つきピストルは、このために「ハッシュ・パピー」［訳注：「子犬を黙らせる」の意］と呼ばれるようになった。

しかし、犬の射殺は理想的な解決策ではない。なにより、通常は数匹配備され、ハンドラーと反撃に備えた部隊がついている。できれば川の流れなどで狙撃手のにおいを消して、接触を断つほうがよい。犬は対岸のにおいも簡単にひろうので、流れをわたるだけでは十分ではない。チームは、上流や下流に行ったり流れを出入りしたりということを繰り返し、痕跡を追えなくすることが必要だ。

ともかく、危機に陥った狙撃チームは自軍と合流して基地にもどるか、回収を要請しなければならない。安全確保の要員が付近にいれば、合流ポイントを決め双方がそこに向かう。

しかし、敵陣地の奥深くで任務につく狙撃チームは、ある程度の距離を移動しなければ安全ではない。絶対に急いではならない。敵の追手が迫っていないのであれば、潜入時と同じく、脱出も隠密裏に行うことが重要だ。

安全な地域にもどる

敵と接近しているときに隠密性と偽装工作を維持するのは非常にむずかしい。長期の任務を通してとなるとさらに困難だが、しかし狙撃チームがすべきことがまさにこれだ。敵パトロールが通り過ぎたあとや、射撃や監視をすませたチームが射撃陣地から出たときこそ、一番危ない。目的は達成していたとしても、任務はまだ終了しているわけではない。チームは注意を怠らず、敵の目をひきつけることなく、安全な地域にもどらなければならないのだ。

これにはかなりの自制心が必要だ。危険な状況を脱すると気がゆるみがちだが、狙撃チームにとってそれは非常に危険だ。いにしえの侍は、「勝って兜の緒をしめよ」ということわざを戒めにした。任務を遂行し、あるいは追跡者をまいたあとの狙撃チームもまったく同じだ。「安全」とは、基地にもどることだ。報告を終え、テーブルで温かい食事をとって初めてそういえる。迫った敵から逃れたからといって「安全」なのではない。生き残れるのは、これを忘れない狙撃手だ。

歩く

監視されている可能性がほとんどないか、偽装工作がうまくできていれば、狙撃手は匍匐せずに歩く場合もある。それでも動きはゆっくりと、慎重に行い、人が立って歩いている姿だとわかりづらいように、腰をまげて歩く。

腰も膝もまげ、
前かがみになる
マズルは下に向ける

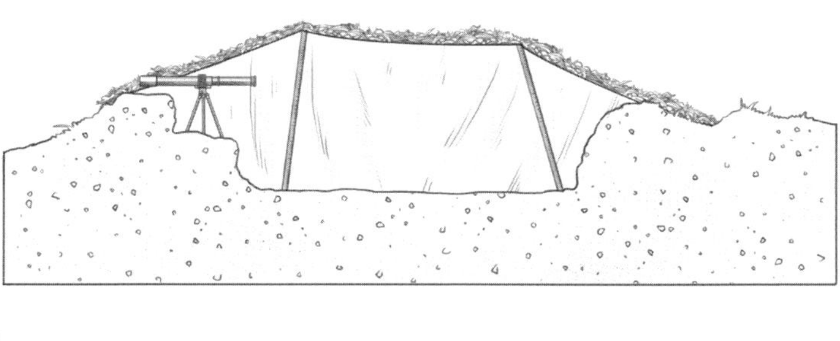

第10章

適切な射撃陣地をおくことが可能であれば、狙撃手はそこから監視し、撃つことができる。さらに偽装工作や、反撃に対するしっかりした遮蔽も可能になる。

配置につく狙撃手

狙撃手が銃を撃つとき、場所を選べないこともある。移動中に敵と接触したり、車両から射撃したりするような場合だ。しかし可能なかぎり、狙撃手は場所を選び、工夫して陣地を設営する。偽装ができ、射撃時の銃の支えも備わっているのが理想的な狙撃陣地だが、これ以外にも場所選びには大事な点がある。

狙撃位置としてふさわしいのは、射撃と監視に十分な視界が得られ、標的から少なくとも300メートル離れ、あいだにはなんらかの障害物があるような場所だ。これなら、狙撃手を発見しても、敵の迅速な対応はむずかしい。狙撃陣地に出入りするルートも重要であり、敵の監視をあざむく偽装や、射撃に対する遮蔽物が必要だ。射撃を終えた狙撃手がうまく撤収できるような偽装工作が理想だが、発見されたとしても、少なくとも脱出時に敵の銃撃から身を守れるようなものにする。

第二次世界大戦中、教会の塔は狙撃手がよく使う場所として知られていた。塔は、上記の利点をいくつか備えている。射界は十分で、高い位置にあるため、接近する敵部隊を長距離から監視できる。塔は小銃の射撃をある程度防げる構造であり、敵が狙撃手にしのび

狙撃陣地のタイプとその準備にかける作業量は、自然にある遮蔽物を利用できるか、どれだけ準備に時間をかけられるかで大きく異なる。

暫定的な射撃陣地

狙撃チームは、偽装工作を施した場所から暫定最終射撃陣地（TFFP）に接近する。そのエリアに入ると、偽装工作や標的領域までの視界、撤退ルートに恵まれているかどうかを基準に最終的な射撃陣地を選ぶ。

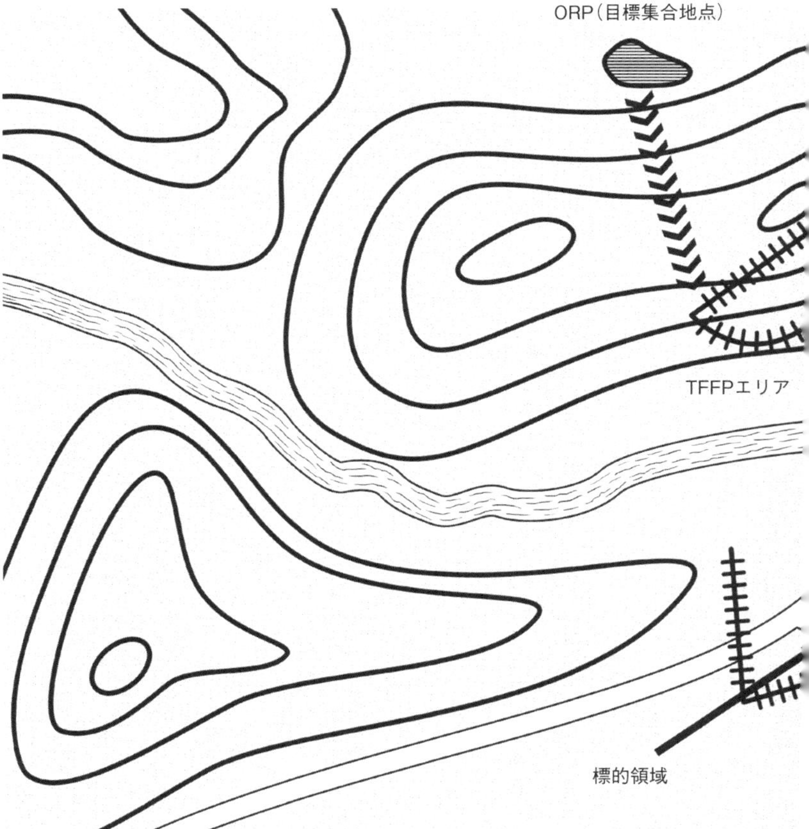

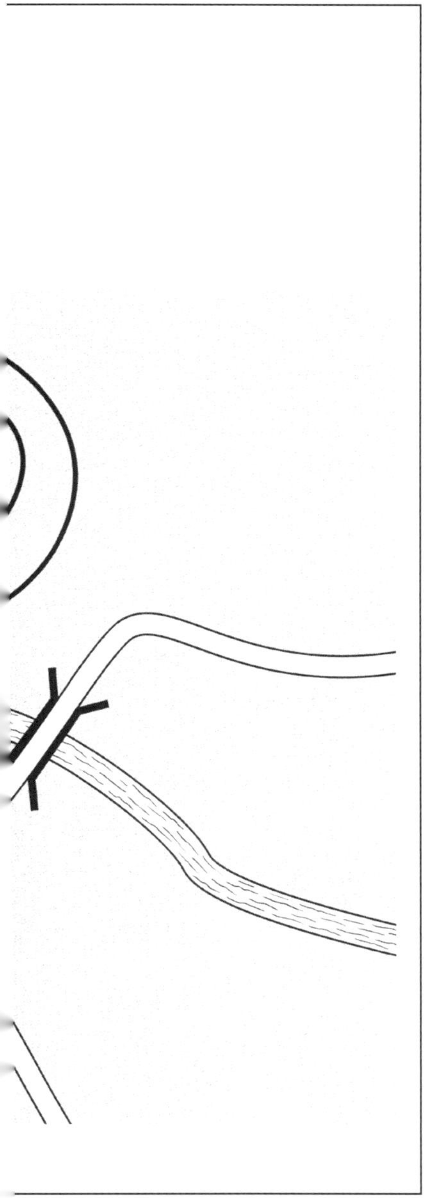

よるのもむずかしい。しかし、塔からの射撃は目立ち、対戦車銃など重火器での反撃を受けやすいうえに、それを防げない。また塔から撃てば、狙撃手が反撃で命を落とすことはなくとも、とらわれる可能性があった。脱出にはタイミングが重要だったが、教会の塔は、すみやかに脱出できるような場所ではないからだ。

重要な要素

よさそうな場所だがそれがネックとなって陣地としては使えない、という要素はいくつかある。適した脱出ルートがないところや、狙撃手向きの位置にあるのが一目瞭然といった場所は避けるべきだ。道路を見渡せる小高い位置や、孤立した高地も目立ちすぎる。狙撃手はもっと別の場所を選ぶべきだ。こうした地点は、そこからの射撃がなくとも敵は警戒して監視の目を向けており、狙撃手が撃ちはじめれば、見当をつけてただちに反撃の掃射を行うだろう。狙撃手は、射撃位置としての立地のよさと、発見されやすさとのバランスを考慮して場所を探すべきである。

狙撃チームは陣地に直接移動せず、事前に選んだ目標集合地点(ORP)にいったんとどまる。ここから射撃陣地を監視するか、場所の選定がまだであれば、ここを拠点に場所探しをする。射撃陣地が安全で利用に適しているようであれば、チームのひとりが慎重にちかづいてなかに入り、ほかのメンバーはORPにとどまって援護する。最初のメンバーが陣地に入れば、つぎのメンバーが移動する。

陣地が妥当で危険がないことを確認すれば、射撃の準備に入る。潜伏場所を作る予定であれば、設営作業もはじめる。装備の準備と配置も行い、距離カードを作成する。任務によっては、チームはしばらくこの陣地にとどまることになる。その場合は、かなり入念な潜伏場所を設営するケースもあるが、ごく短い期間なら、すでに施している偽装工作ですますことになるだろう。

市街地での潜伏場所

市街地では、狙撃チームはおそらく屋上や上階の部屋に陣取ることになる。この場合、壁に穴をあけたり屋根瓦をはずしたりして、屋根裏で監視や射撃を行う態勢を整えることができる。レンガの壁からライフルの銃身が突き出すと居場所を明かしてしまうことにもなるので、壁や屋根の穴とはある程度離れておくよう慎重に行動する。

また、明かりが入る窓や壁の穴にちかい部分は明るいが、明かりがあまり届かない部屋の奥は暗い。狙撃チームは明かりに身をさらさず、部屋の奥で配置につき、影にまぎれる。視界はか

銃眼用の穴

潜伏場所の銃眼

狙撃手が一番避けたいのは、入念に偽装した潜伏場所からライフルがのぞくことだ。自分の居場所を知らせてしまう危険がある。銃眼の穴は潜伏場所を設営するときに作り、標的領域をきれいに狙える位置におかなければならない。

ぎられるが、敵が見分けるのは非常にむずかしくなる。家具を動かして射撃位置を工夫することもできる。テーブルを動かしてその上で伏射の姿勢をとれば、窓から外を見ることも可能だ。

状況しだいでは、建物から出て設営することもあるが、照準線はかぎられてしまう。瓦礫や破損した車などのある雑然とした環境にも、狙撃に向いた場所はある。開けたところでは姿を見

市街地における狙撃手の潜伏場所

市街地では、狙撃チームが潜伏場所をおくさいに利用できるものは多い。家具は安定し、使い勝手のよい高さの台になるし、カーテンがあれば建物の外の監視者からのぞかれる危険もない。

られずに出入りするのがむずかしいという欠点があり、選べる場所も多くはない。

市街地での陣地は、土嚢や瓦礫で手をくわえることができ、それに気づかれずにすむこともある。土嚢は建物のなかにおけば外から見えないので発見されないだろうし、瓦礫があっても、市街地の戦闘域では不自然ではない。作業中にはもちろん気どられてはなら

狭い空間

高い建物の床のあいだの狭いスペースは、格好の潜伏場所になる。そこに銃眼用の小さな穴があれば、広いガラス部や割れた窓に囲まれたオフィスに陣取った場合よりもずっと、狙撃手の位置を気づかれにくい。

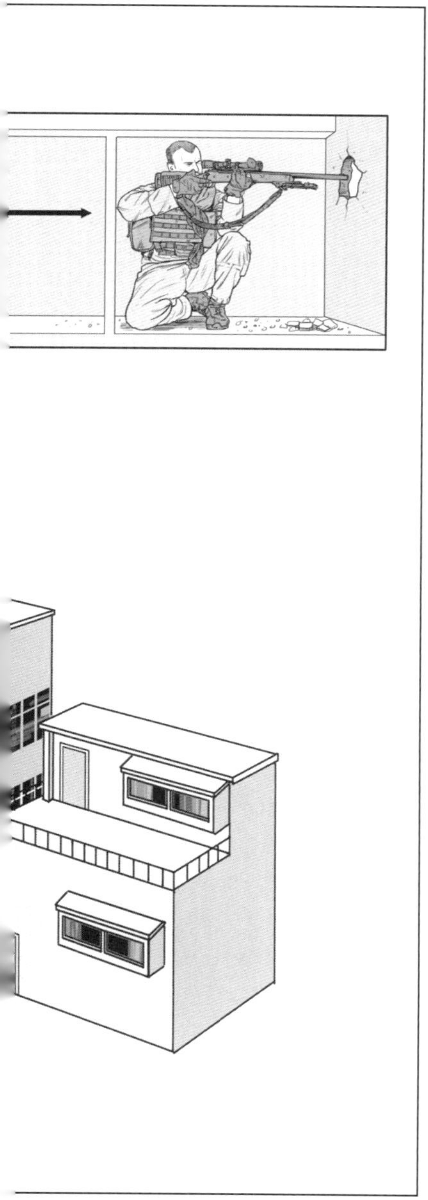

ないが、そのエリアで友軍の部隊が活発に動いている場合には、部隊全体の動きにまぎれて狙撃陣地の設営を進めることも可能だ。

非戦闘員がもたらす危険

市街地で潜伏場所を設営する場合、敵による監視は大きな脅威だが、潜伏場所を発見した非戦闘員の行動で、敵に狙撃手の位置を知られてしまう危険もある。民間人が、目にしたものを敵に詳しく知らせなかったとしても、敵に質問されたり、狙撃手の存在を気どられるような反応をしたりする可能性もある。狙撃チームには、潜伏場所をみつけた人がそれを明かすかどうか知るすべはなく、万が一の用心に、その陣地を放棄しなければならない場合もある。

田園地帯での潜伏場所

田園地帯では、偽装と隠蔽に利用できるようなものが十分にある。この点は、射撃陣地をすみやかにみつけなければならない場合には重要だ。地面のくぼみや茂った葉、岩や倒木などは、すべて即席の陣地に利用でき、自然のなかですぐに手に入るものでカムフラージュを施すことができる。

こうした陣地は、理想的な場所にはなく死角もあるかもしれないが、準備

距離を保つ

正式な訓練を受けたものであれ、戦場で自己流に学んだものであれ、一定の効果を上げる狙撃手であれば、自分のいる場所を隠し、射撃していないときには注意を引かないようにするものだ。好奇心の強い野生動物や、周囲に注意を払わない仲間がいるなど、外因によってこれがうまくいかないこともある。こうした危険要因とある程度の距離をおいて任務を行うことで、狙撃手はずっとらくに仕事をこなすことができる。

に長時間を要しないという利点がある。この陣地にも銃眼用の隙間を作ることは必要であり、周囲の植物に発射炎が触れないようにしなければならない。このため、準備段階でいくらか策を施すと、役に立つ。

時間に余裕があり、可能であれば、自然の遮蔽物の背後に地面を浅く掘ることもある。こうすれば、頭とライフルを上げていないときは狙撃手の姿は見えない。掘った土は、防御用の土嚢やライフルの支えに利用できる。この手の陣地はすぐに作れ、準備に手間もかからないが、ある程度土を掘りだす必要はある。準備段階で敵パトロールを警戒させないよう、慎重に行動すべきだ。

偽装工作を工夫する

かなり長期間の使用に耐える陣地を設営する時間があれば、偽装工作に手をかけ、また快適で防御性にすぐれた潜伏場所にすることができる。自然のくぼみは広げたり、掘って塹壕にしたりできるが、土の処理問題が生じる。潜伏場所から運び、ある程度隠す必要がある。いくら無頓着な部隊でも、掘ったばかりの土の山には疑いを抱くだろう。

頭上の遮蔽物を用意するなら、頑丈で、風雨に耐えるものにしなければならない。材木を土で覆い、さらにカムフラージュすれば十分だが、ちょうどよい材木は簡単には手に入らず、慎重に探す必要がある。枝を切り出すより、腐っていなければ、倒木を利用したほうがよい。切れば、はっきりわかる痕跡を残すだろう。巨大な倒木の下にできたスペースなど、自然の遮蔽物を利

伏射用の潜伏場所

伏射用の潜伏場所は、立射や座射の場合のものよりも設営に手間がかからない。自然にできた穴や、材木や岩などほかより高いもののあいだの隙間が利用できれば、掘る作業もいらない場合がある。

長期的な潜伏場所

　長期にわたる監視を行う場合や、あるエリアに敵を立ち入らせないようにするときは、長期的に使える潜伏場所を設営することもある。チームが交代で出入りすると、その場所を発見される危険がある。このため、こうした潜伏場所にも使える期間にはかぎりがある。

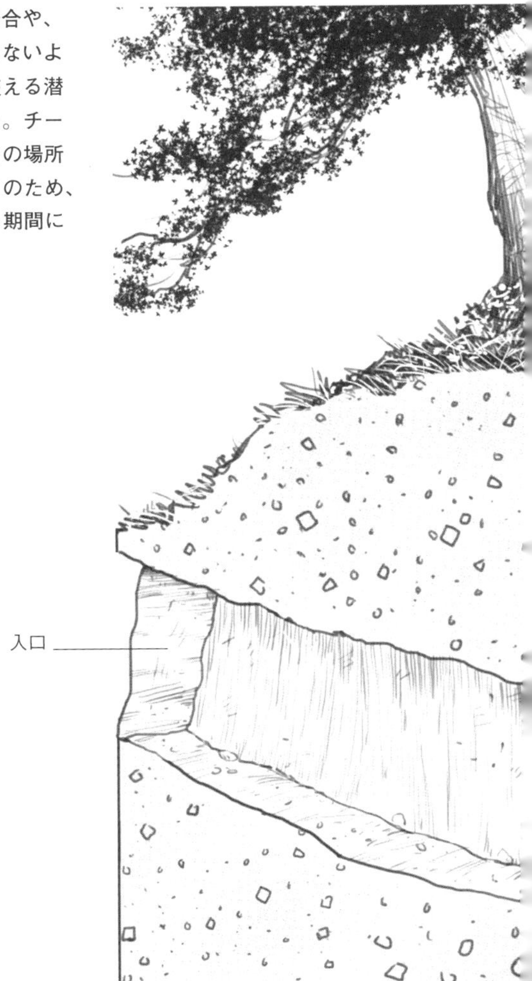

用してうまく陣地を設営することも可能だ。

監視

狙撃手の中心任務が偵察ではない場合でも、監視は、任務の成功とおそらくは生き残りには最重要のスキルだ。狙撃手は周囲に目を配ることが習慣になっており、訓練が不十分な観測手では見逃すような、小さなことにも気づくことが多い。進歩した補助機器は、狙撃手のもつさまざまなスキルを強化してはくれるが、観測結果から推測する能力に欠ければ、すぐれた機能も多くはむだになる。

狙撃手の監視スキルとは、すぐれた視力と聴力、装備の使用に熟練していること、たゆまぬ訓練、そして知識が一体となったものだ。軍事的思考とテクニックを理解している狙撃手は、目で見たものに頼るしかない者より大きく有利だ。狙撃手となれば、なにかが隠れている可能性のある場所に目を向け、一般的な監視者なら見過ごすようなエリアを調べることができるようになる。狙撃手は、目の前に見えているものと同じくらい、そこにないもの、見えないものにあっさりと気づくのだ。

熟練の監視者は、その場には不自然なごくあいまいな輪郭や影など、なにかの存在をうかがわせるものから、カムフラージュした車両や歩兵陣地の存在を推測することができる。また、敵

テント・タイプの監視所

テント・タイプの監視所は監視者が複数いる場合に設営する。木の枝を利用して枠を作り、パラシュートを張る。その上を周辺にあるもので覆い、監視所が周囲に溶けこむようにする。

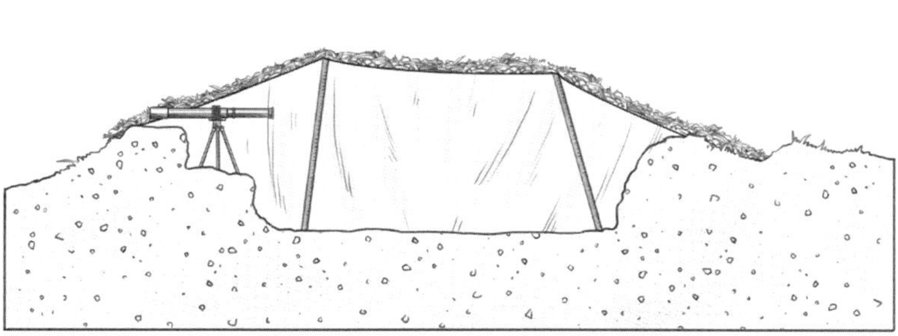

兵士や狙撃手が身を隠し、そこから監視や戦闘も行える場所は多々ある。狙撃手は、ただ敵を探すのではなく、潜伏場所になりそうな箇所をみつけ、そこを詳細に調べる。さらに、別の場所を見ているときにも疑わしいものや場所を「見失う」ことなく、敵の存在が疑われる場所を数ヶ所同時に監視におくスキルも身につける。

とくに、拡大鏡装備の光学照準器や熱線映像装置などの機器を利用して詳細な監視を行っているときは、目を酷使する。このため狙撃チームは役割を頻繁に交換し、ひとりが監視し、もうひとりは休憩する。

目の疲労による効率低下を招かないためには、監視を続けるのは10分か、せいぜい15分にする。

応急捜索

あるエリアに入るとき、または狙撃チームがなんらかの理由で周囲をまだ

急場の陣地

潜伏場所を設営する時間がない場合、狙撃チームは偽装工作がうまくでき、視界が開けた場所を選んで、任務を遂行したらすぐにそこを放棄する。こうすれば、チームがそこにいたという痕跡はなにも残らないだろう。

詳細捜索

狙撃チームは配置につくと、その前方地域全体の詳細な捜索を行い、地域内の各ランドマークまでの距離を測る。標的がその付近に現れたら、距離はすでにわかっているため、即座に射撃を行えるのである。

監視下においていない場合、まずやるべきはそのエリアの応急捜索だ。差し迫った脅威があるときには、狙撃チームの陣地にちかいところからはじめ、周辺域へと調べていく。双眼鏡など比較的低倍率の機器で手早く観察すれば、周囲の環境をすみやかに把握でき、目立つものにも気づく。「目立つ」というのは、もちろん狙撃手にとっては、という意味だ。訓練した狙撃手ならさっと見渡しただけで気づくものでも、標準的な一般兵は十分あざむけることもある。急ぎの調査では、敵が姿を隠していそうな、興味をひく箇所があれば手短に何度も見る。そして、差し迫った脅威をとりのぞいたり、交戦したりするような緊急な理由がなければ、狙撃チームはあらためて、そのエリアの詳細な捜索をはじめる。

詳細捜索

この場合も、狙撃チームのちかくからはじめ、監視用望遠鏡など高性能の光学機器を利用する。視界全体をゆっくりとなめるように、直前に見た箇所と次に見るエリアが一部重複するようにしながら、一部分ずつ集中して見ていく。芝刈り機を使うときのように、視界にある地域すべてを徹底的に調べる。

その地域の捜索が終わったら、監視を続ける。監視が途切れないよう、また疲労を避けるためにも、狙撃手と観測手は交代しながら監視する。監視は、応急捜索と詳細捜索のテクニックを適宜組み合わせて行う。あるエリアになにも見えていなくとも、狙撃チームが、なんらかの「雰囲気」や「疑わしさ」を感じとることもある。なんとなく不自然だったり、狙撃手の隠れ場に格好の場所があったりする場合だ。こうした箇所にはとくに注意を向けるが、それ以外の箇所の監視の妨げにならないようにする。疑わしい場所にこだわりすぎると、ほかのエリアでの動きを見落としかねない。

詳細捜索には、必要なだけ時間をかける。急いではならない。地形や環境が複雑だと時間がかかるが、手をぬいてはならない。急ぐと、目に入ったものの解釈を誤ったり、ささいだが重要な点を見過ごしたりしかねない。監視中には、狙撃チームは射界におけるさまざまな地点までの距離も測定する。レーザー測距器など補助機器も使えるが、狙撃手は目視計測の訓練も受けている。

試行錯誤

機器が使えないときは、狙撃手はいくつかの方法で試行錯誤しながら、目標への距離を測る。地図と紙片を用いるのもひとつの方法だ。狙撃手と目標との隔たりを測り、その距離を地図の縮尺から算出する。地図中の間隔をスケールバーに合わせるときに、狙撃手と目標とするものの位置を書きこんだ紙片を使うのだ。

100メートルを目測できれば、距離はかなり正確に測ることができる。狙撃手は頭のなかで、監視している地形上に100メートルの目盛を必要なだけおく。かなり平坦で見通しのよい地形であれば、非常にうまくいく。ほかにも、標的のそばに大きさがわかっているものを探し、さまざまな距離でどの程度の大きさに見えるかを基準にして測る方法もある。

狙撃手のスコープは距離の測定にも利用できる。狙撃手に目標物の大きさ（一般的な敵兵の身長など）がわかっていたり、おおよそを推測したりできれば、スコープの目盛を利用して、距離を計算する。標的までの距離は、つ

距離の測定——紙片法《ペーパーストリップ》

これはごく簡単な測定法だ。地図上の２地点の間隔を紙片に写しとり、それを地図のスケールバー上におく。縮尺から距離を非常に正確に読みとることができる。

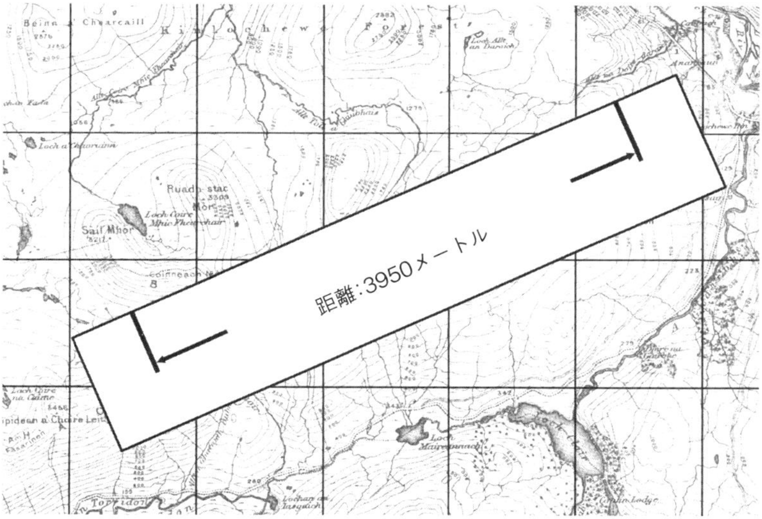

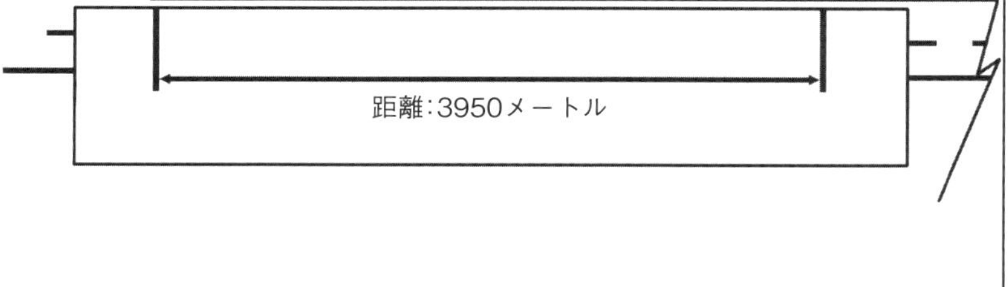

ぎの公式で算出する。

標的の判明している大きさ（メートル）×1000／狙撃手のスコープ上の標的の大きさ（ミル）

つまり、敵兵の身長が1.8メートルで、狙撃手のスコープでは3.6ミルならば、その敵兵とは500メートル離れていることになる。[(1.8 × 1000) ÷ 3.6 = 500]

もちろん、この方法が使えるのは標的の正確な大きさが判明している場合であって、特殊装甲車両の車長や市街地の一般的な玄関口の高さなど、正確な数字がわかっているときには非常にうまくいく。こうした算出法を使うために、計算機と予備の電池も狙撃手の装備には欠かせない。

ミルを利用した公式

狙撃手は、スコープ内の標的を0.1、あるいは0.05ミル単位で計測する訓練を受けている。そしてミルを使った簡単な計算を行い、距離を算出する。狙撃手に標的のおおよその大きさがわかっていれば、それまでの距離を正確に測定することができる。

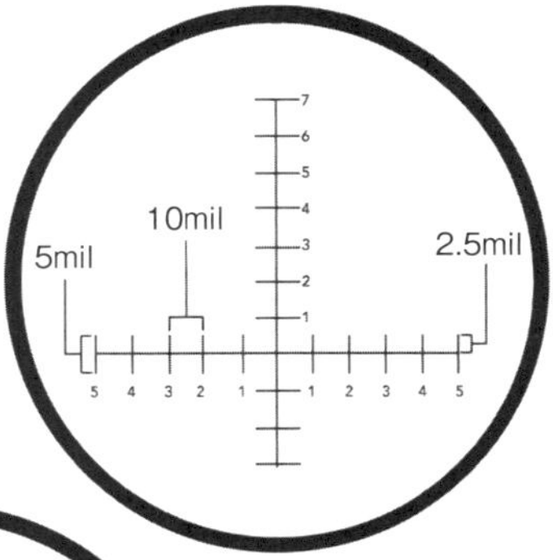

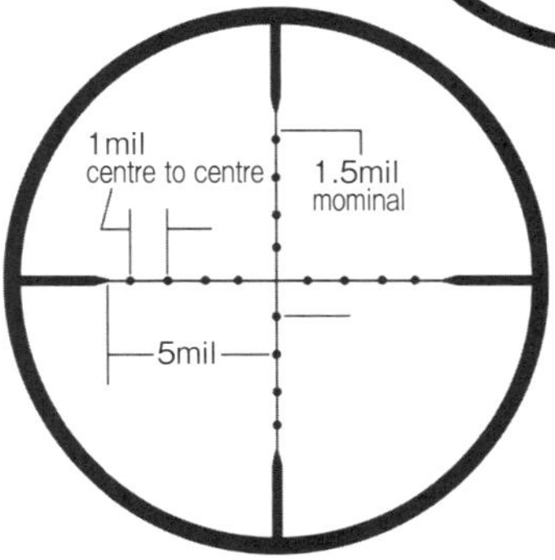

100メートル単位目測法

狙撃手が100メートルの距離を目測できて、前方の景色に頭のなかで目盛をおくことができれば、自分と見えている目標物とのあいだの100メートル単位の目盛を読めばよい。しかし高低差がある地形では、この方法を使うのはむずかしい。

距離カード

距離カードの作成には、なにもすばらしい芸術的才能が必要なわけではない。その地域の目印になる要素をわかるように描きいれ、狙撃手からの距離が正確であれば、カードは役割を果たしている。

距離カード

このカードの書式はFM3-21.71を参照のこと：担当部署はTRADOC

SQD 2 PLT 1 CO C	全タイプの直接火器に使用	磁北

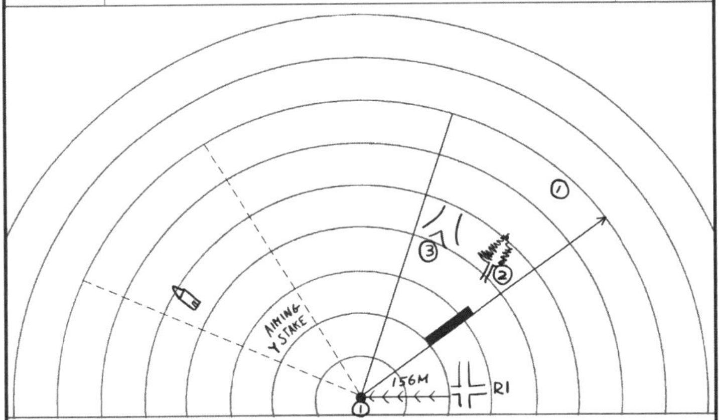

データ

位置番号	FL7654987	日付	2012年6月7日
武器		円の間隔（メートル）	100メートル

番号	方向／偏角	エレベーション	距離	弾薬	備考
1		+5Ø/3	6ØØ		FPL
2	R35Ø°	+5Ø/45	6ØØ		LONE TREE
3	L3ØØ°	Ø/28	65Ø		TRAIL JUNCTION

コメント

ランドマーク

距離カードを作成したら（通常は、監視段階で行う）、すでに全体の距離測定は終えているので、設定したランドマークまでの距離を読みとりさえすればよい。こうすれば、射撃が必要になったときに、準備をかなり迅速に行える。

しかし、距離が判明しているランドマークのすぐとなりに標的がいることなどめったになく、ある程度の測定や修正が必要なことも多い。この場合、標的を、距離が判明している2地点間におくとよい。距離がそれぞれ200メートルと380メートルの地点のあいだの、おおよそ3分の1にあるならば、約260メートルの距離であることが算出できる。

地形と環境

地形や環境要因が距離の測定に影響する場合もある。ごく平坦な地形や、下から見上げる場合にはものがちかく見える。狙撃手よりも下にあるターゲット、あるいは低い地面の向こう側にあるターゲットは、離れて見える。見るものの配置も目の錯覚を生む。人など比較的小さなものが、木や橋などずっと大きなもののそばにあるときには実際よりも遠くに見える。逆に、背景から浮き上がり非常に目につきやすいものは、実際よりちかく見える。

狙撃手のスコープは距離調節が可能

アデルバート・F・ウォルドロン（1933～95年）

ウォルドロンはベトナムで河川パトロール部隊の一員として任務につき、移動中の船艇から射撃しなければならないことが何度もあった。パトロール艇は機関銃から狙撃用ライフルまで、あらゆるタイプの武器に銃撃を受け、ウォルドロンは、こうした脅威に高精度の反撃を行うという困難な任務を担った。ウォルドロンは夜間作戦にも参加した。狙撃手たちは微光暗視装置を用い、曳光弾で敵をとらえる。そうすると、ボートにのる敵は重火器による攻撃を受けるのだ。地上任務も遂行したウォルドロンが好んで使用したのは、サプレッサーと「スターライト・スコープ」を装着したM21セミオートマティック・ライフルだ。この銃を手に、ウォルドロンは短距離（狙撃手にとっては）でも探知されずに、敵パトロールと戦うことができたのである。

フラッグ・メソッド

旗とそのポールとの角度で、風速を判断する。角度を4で割ると、時速（マイル）が出る。旗の動きからは、突風なのか、頻繁に風向きが変わるのかもわかる。

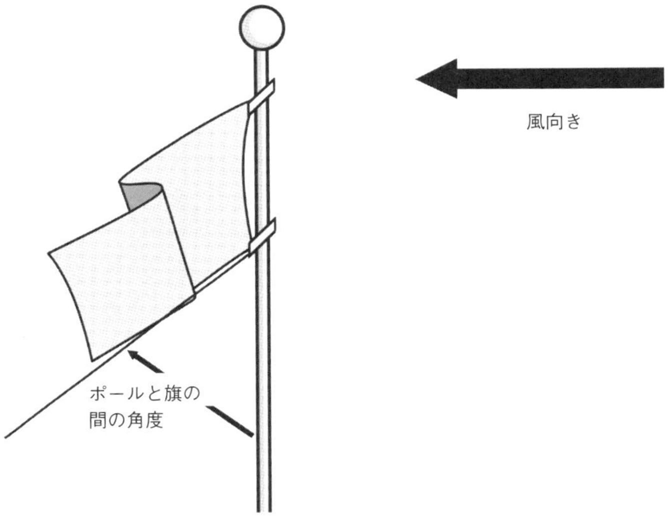

だが、距離を正確に測れなければほとんど役には立たない。誤った距離にスコープを合わせると、まちがいなく、銃弾は標的がいないところに飛んでいく。これは狙撃手の誤りであって、スコープの欠陥ではない。スコープは、狙撃手のデータの正誤にかかわらず、設定したとおりに機能するのだから。距離を正確に測定するために、いくつかの方法を組み合わせることもよくある。複数の妥当な測定値の平均を出せば正確な数字にちかづくが、測定値の差が大きい場合は、狙撃手がもっと慎重に測定しなおす必要があるということだ。

風の要因

風は狙撃においては大きな要因であることが多く、狙撃手から標的までの複数地点で正しく計測する必要がある。

射撃場にはこのために旗があり、戦場でも、同様のものを利用することが可能な場合がある。風向や風速などを測定するためには、干してある洗濯物、背の高い草、旗、葉や、吹流しなども使える。手軽に利用できるものがなければ、狙撃手はつぎのようなものから判断する。

ほぼ無風状態　時速5キロメートル未満の微風では、煙は漂うが、もっと重いものにはほとんど影響しない。

弱い風　時速5～8キロメートル程度の風は感じることはできるが、ごく軽いもの以外は動かない。

小枝　時速8～13キロメートル程度の風では動くが、木や茂みは全体としては動かない。

土埃　時速13～19キロメートル程度の風で舞い、この風速では紙も飛ぶ。

低木　時速19～24キロメートル程度の風になると揺れる。

強力なスポッティング・スコープを使用して、陽炎から風速を測定することも可能だ。高温になると、拡大すると大気の揺れが見える。ゆっくりとした動きは弱い風を示し、揺れが大きければ、風がもっと強いことがわかる。熱も弾道に影響をおよぼす。暖かい空気は密度が低く、抗力も小さい。このため弾は標的よりも少々遠くへ飛ぶか、標的よりも上にあたることになる。冷たいと、この逆の影響がある。

風の強さは、射手と標的間の高さや距離の違いによっても変化し、さらに状況を複雑にする。突風のなかの正確なショットは不可能だが、それは風の強弱のせいだけではない。風は狭いスペースでは中心に向かって吹きこみ、建物の角周辺では渦を巻く。狙撃手が標的を目視できているときでさえ、まっすぐで簡単なショットのようでも、撃ってみないと結果がわからないこともある。狙撃手が行う監視と観察のすべてが、適切な射撃準備に直結する。狙撃手には距離と周囲の状況が把握できており、こうした要素を織りこんで照準を行う。データを距離カードに記録し、照準射撃がうまくいくために必要な情報をそろえ、狙撃手は心身を落ち着けて標的を待つのだ。

陽炎のタイプ

陽炎、つまり「熱波」でも風速を測ることができる。空気が「沸騰して真上に上っている」ように見えれば、無風か、狙撃手への向かい風か追い風だ。

時速5～8
キロメートル

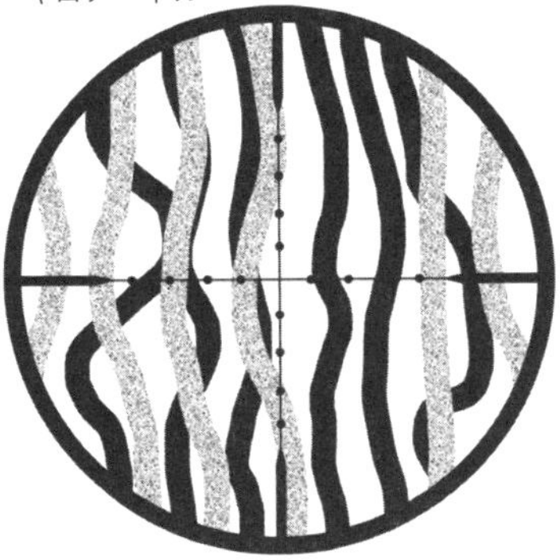

時速8～13
キロメートル

沸騰して真上に
上るような状態

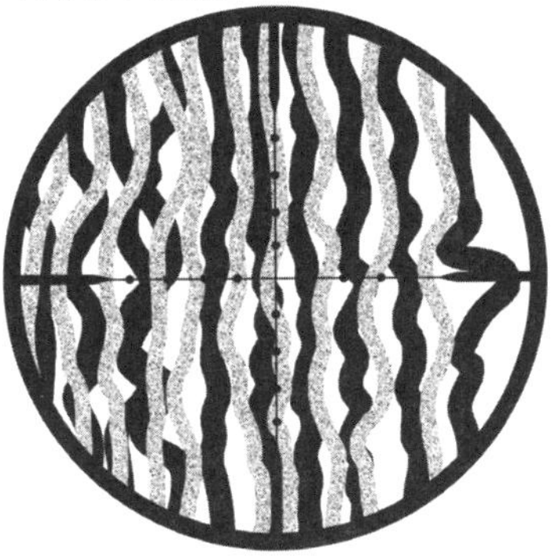

時速13～19
キロメートル

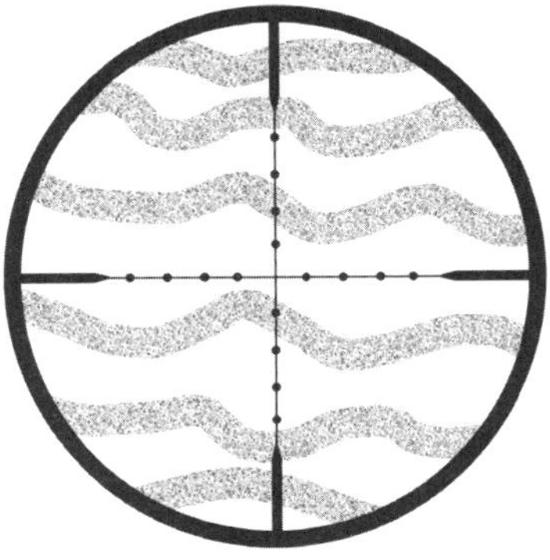

時計法《クロック・システム》

射撃の修正に風速をどれだけ取りこむかを判断するさいに利用するシステムだ。6 時あるいは 12 時の方向の風は影響がなく、3 時あるいは 9 時の方向の風は風速の全数値を考慮に入れる必要がある。その他の方向は、風速の半分を織りこんで計算する。

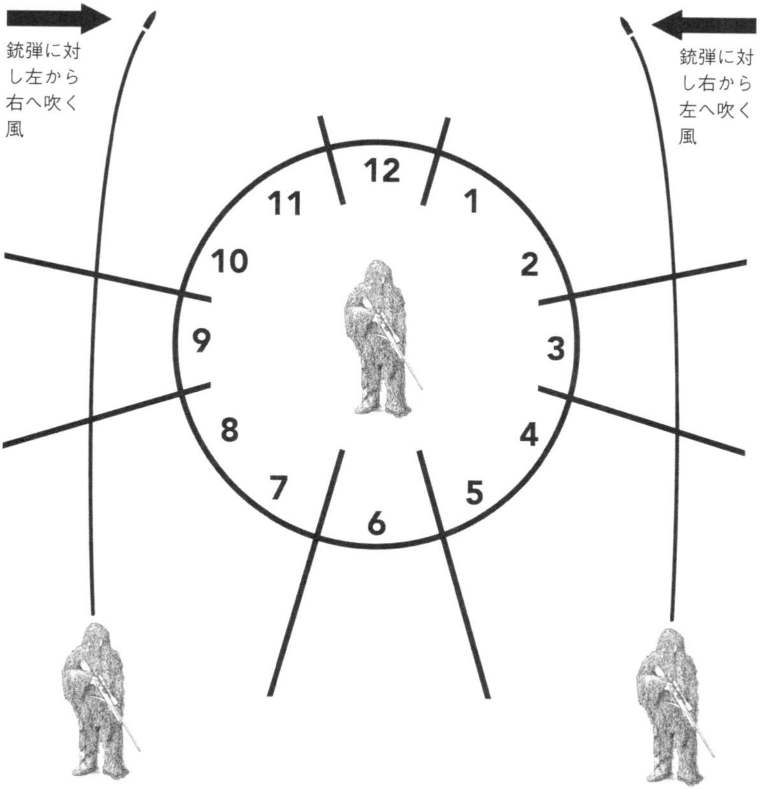

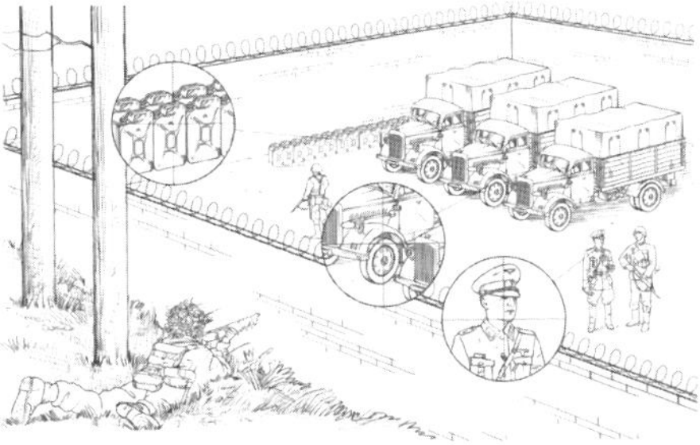

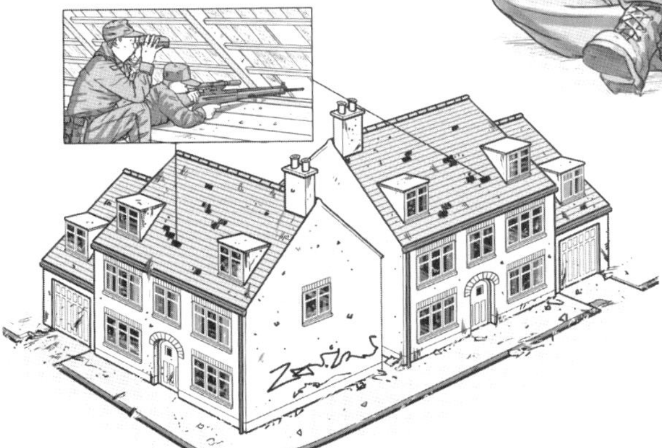

第11章

戦術的な準備を行うためには、周囲の慎重な監視や、適切な標的の選定が必要である。

戦術的な準備

狙撃チームが格好の陣地をみつけたら、適切な架台に武器を設置し、距離カードを作成し、最後に標的を選んで射撃の準備を行う。距離カードの作成は狙撃手が訓練で学ぶスキルだ。これは、射撃の設定だけではなく、観測手や、砲や航空機をもつ支援部隊との意思の疎通にも欠かせないものだ。印刷された距離カードには、狙撃手の位置を中心に距離をあらわす円が書かれている。そのなかに地形を書きこみ、さらに気温や風の状況などのデータ、確認したことなどを記入すれば、狙撃手と観測手が注意を向けるエリアは早々に決まる。

スケッチするときは、地形の特徴や全体的なようすも書きこむ。狙撃チームはこれを任務に用いることもあれば、あとで情報利用のために使用することもある。スケッチは芸術作品を残すためではなく、情報を伝達するためのものなので、細かな描写は不要だ。ものの位置関係や、その形や大きさがわかればよい。小屋の形を書いて、余白に無線施設であるというコメントをくわえれば十分であり、アンテナまで詳細に描く必要はない。

地形図は多くの点で距離カードに似

射撃陣地に移動し、潜伏場所を準備する時間や日数は、狙撃手が重要な標的をしとめられなければむだになることもある。一発一発を慎重に判断し、敵にとって最大の混乱をもたらすようにしなければならない。

データ・ブック

狙撃手は、射撃練習の結果をデータ・カードに記録し、それがデータ・ブックに蓄積される。その結果、狙撃手は、気温、湿度、距離、風、銃身の温度の違いなど、さまざまな状況下での、自分のライフルの性能にかんする情報を収集することになる。こうした情報を備えた狙撃手は、そのときどきの状況に応じて、ターゲットをしとめるためにはどのような修正が必要かを計算できるのだ。

ているが、距離を表す円がなく、かなり広範なエリアを記す。目立つものや特徴的地形までの距離にくわえ、余白にはさまざまなコメントを書く。写景図には大きな特徴を記録し、対象物の高さや大きさ、距離、また建物の構造やその予想される機能といった、監視で得た情報をすべて書きこむ。

射撃の準備

狙撃手ならどんなときでも体でライフルを支えられるものだが、ふさわしい場所にライフルをすえることができるのが理想だ。市街地の固定陣地からの狙撃では、カメラ用のものと似た三脚が使えるが、戦場では利用できない場合が多い。

ライフルには二脚や一脚装備のものもあり、これを地面や支えになるものの上におくとよい。二脚や三脚は、スキーのストックや杖など棒状のものを組み合わせてしばり、自作することも可能だ。即席の三脚用の材料は、任務につくエリアでたいていはみつかるので、わざわざ携帯する必要はない。

ライフルは、なにか支えになるようなものがあればその上におけばよい。だが熟練の狙撃手なら、射撃に最適の位置だからといって、実際に撃つときにはベストな場所だとはかぎらない、ということをつねに頭においている。つまり、高さがちょうどよく、架台にうってつけのものがあったとしても、それでは狙撃手が目立ちすぎるのだ。架台にできるものがあるのに、わざわざそこから後ろに下がり、その上を通して肩撃ちしたくはないだろう。しかし、そのほうが狙撃手は気づかれにくいのだ。

あまりにうってつけの架台にライフルをおかないのには、たいていはそれ

距離測定訓練用スコア・カード

距離測定をはじめとするスキルを磨くためには、絶え間なく訓練するしかない。訓練で成功することによって、狙撃手は自信をつけ、教官に自分の能力を証明することにもなる。

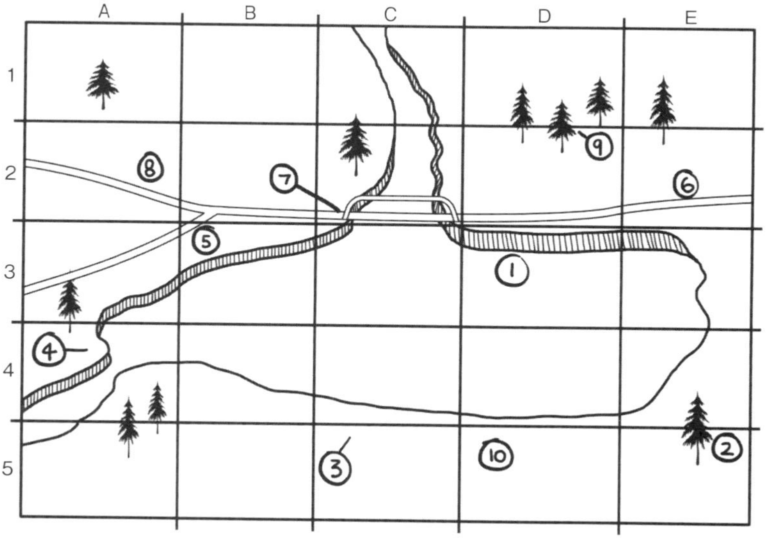

なりの理由がある。歩兵の多くは、狙撃手が使えそうな場所につねに留意しているわけではない。しかし撃たれれば、一番狙撃手がいそうなところに目を向けるだろうし、つまりそれは、一般的な歩兵でも思いつくような場所だ。ある程度遮蔽と隠蔽がうまくでき、よい射界が得られるところを探すだろう。だから狙撃手は、一目瞭然の場所からは撃とうとしないのだ。

熟練の狙撃手なら、条件はよいが目立つ場所には見向きもせずに、すぐには目を向けられないような場所を選ぶ。敵が作戦に対狙撃要員を配している場合には、この点は非常に重要だ。敵が優秀な狙撃手なら、推測可能な位置か

三脚の利用

三脚は非常に安定性が高いが、それを設置するためには平坦にちかい地面が必要だ。三脚よりも、二脚や一脚をおく場所を探すほうが早い。

ライフルを抱えこむ

イラストの姿勢では、自分の腕においた左手のにぎりをしめたり、ゆるめたりして照準点を微調整することができる。つまり、左前腕部の筋肉を固くしたり、ゆるめたりするのだ。また左足首の角度を変えると、ライフルを支える膝の高さを調節できる。

チャン・タオ・ファン

チャン・タオ・ファンは、朝鮮戦争中、中国陸軍に従軍した。戦争末期に戦況が膠着状態になると、タオ・ファンは国連軍陣地を攻撃する狙撃手に任命された。タオ・ファンに支給されたのはかろうじて通用する程度の、旧式のモシン・ナガン・ライフルであり、望遠照準器もついていなかった。当初の成績はふるわず、返り撃ちにあって命を落としそうになることもあった。しかし、失敗から学んだタオ・ファンは、動くものすべてを撃つのではなく、標的を選ぶようになる。またランドマークを決めて撃つうちに、銃弾の落下についても理解するようになった。タオ・ファンはこうした知識を生かして、国連軍兵士をしとめていった。もっと動きの激しい戦闘環境であれば、タオ・ファンがこれほど狙撃に成功することもなかったかもしれないが、同じ射撃陣地から固定した陣地に向けて撃つことで、非常に効果を発揮したのである。

ら撃つような未熟な狙撃手は、あっさりとつきとめて排除するはずだ。

標的の選定

狙撃手が、だれであれ最初に姿を見せた者を狙い撃つこともある。しかし自分が定めた標的のみに集中して、ほかは撃たない場合もある。対狙撃任務についている場合がそうだ。撃とうと思えばほかにも狙える者はいるだろうが、撃てば、一番大事な任務を危険にさらすことになる。気をそらしていては、遂行できるような任務ではない。付近に自分を狙う狙撃手がいることを察知した敵狙撃手は、警戒を強め、ひっそりとそこを去ったり、ハンターを狩ろうとしたりする可能性がある。

敵の上級将校など重要人物の排除を目指す狙撃手も、狙いやすいが価値の低い標的は見逃す。狙撃任務の遂行が可能な場所に狙撃手を配置するためには、大きな努力を要する。狙えるチャンスが少ない相手であればなおさらだ。狙撃手は、たまたま目の前に現れた標的を撃って、大きな獲物をしとめるチャンスを捨てるようなことはしない。自分の一発が、紛争の行方を変える可能性があるのだから。

重要度

日常的な任務では、標的は、重要度とその脅威の大きさに応じて選ぶ。現

屋根裏の狙撃手

射撃陣地にするために何枚か瓦をはずすと目立つ可能性もあるが、それまでの戦闘で建物が損傷しているような地域では、すでに穴があいていることもある。いくつか隙間が増えても、あまり目にはつかないだろう。

在および将来において、狙撃チームやその地域の友軍に対する脅威がどの程度かを考慮するのだ。たとえば軍用犬のチームは、狙撃チームにとっては、接触を断とうとするさいには深刻な脅威となる。しかし遠く離れていて活発な捜索を行っていない場合は、その脅威は将来的なものでしかない。迫撃砲による攻撃を指示する敵観測手は、友軍の部隊にとっては差し迫った脅威だが、狙撃手にとってはそうでもない。

標的選びは戦況にも左右される。比較的接近した敵への射撃をはずしてしまうと敵を警戒させる危険があり、狙撃チームにとっては切迫した脅威となる。命中の確率も考慮すべきだ。標的に選んでも、警戒して付近のしっかりした遮蔽物に身を隠してしまえば、しとめるのは実質不可能になる。この結果、その標的が狙撃リストの上位にくることもあれば、リストから除外されることもある。だが、警戒を強めたためにしとめるのがむずかしい相手や、最初に狙うほど重要度の高くない者は、見過ごすべきだろう。

狙撃手はまた、ある標的を排除することが敵と友軍におよぼす影響も考慮しなければならない。標的が孤立し支援をうけられない状態では、とくにサプレッサーつきのライフルを使えば、その仲間を警戒させずに排除できる。こうした点にくわえ、敵が銃撃にどう

標的探索訓練用スコア・カード

監視訓練によって、狙撃手は雑然とした環境でも、小さな目標物をみつける能力を磨く。このスキルがあれば、適切な標的をみつけたり、詳細な偵察を行ったりすることができ、その地域に敵狙撃手が身を隠している場合にも、自分の命を守ることができる

ROSTER：（10）　標的探索訓練用スコア・カード　EX：（E2）

このカードの書式はFM23-10を参照のこと。担当部署はTRADOC

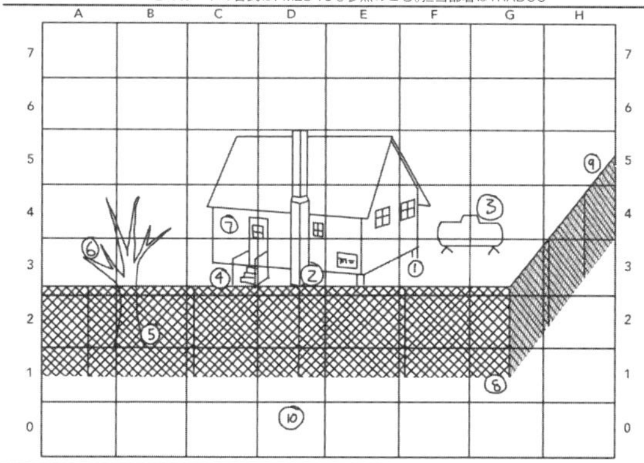

スケッチしたもの　BLDG 1238

グリッド座標　PL216213

天候　CLEAR　72°

75

磁針方位

スケッチ　1　of　1

ブロックの単位　1° = 10M

作成者名　GRISWOLD

ランク　SGT

日付　1 APR 02　時刻　16-30

0	大きさ	形	色	状況	予想される用途	座標の位置
1	36"×4"×2"		BLACK	SERV	M16 A2	F-3 Ⓐ
2	10"×1"×4"		GREEN	SERV	RADIO	D-3 Ⓐ
3	3"×3"×3"		BLUE	UNSERV	GRENADE	G-4 Ⓐ
4	5"×2"×6"		BLACK	SERV	TANK	C-3 Ⓑ
5	4"×4"×1/64"		CLEAR	SERV	PROTRACTOR	B-2 Ⓑ
6	1"×1/4"×36"		YELLOW	SERV	STRAP	A-3 Ⓑ
7	1/32"×1/2"×1/4"		BLACK	SERV	RANK INSIGNIA	C-3 Ⓐ
8	10"×4"×12"		GREEN	SERV	AMMO BOX	G-1 Ⓐ
9	1"×1"×1"		BLACK	SERV	CANTEEN CAP	H-4 Ⓐ
10	1/2"×1/2"×1"		SILVER	SERV	PAPER CLIP	D-0 Ⓑ

標的の優先度

狙撃手の熟練度にかかわらず、パトロール隊全員を排除することなど不可能だろう。しかし、わずか1、2発の銃弾でも、撃つべき相手をしとめることができれば、パトロール隊はまとまりのある行動をとれなくなる。

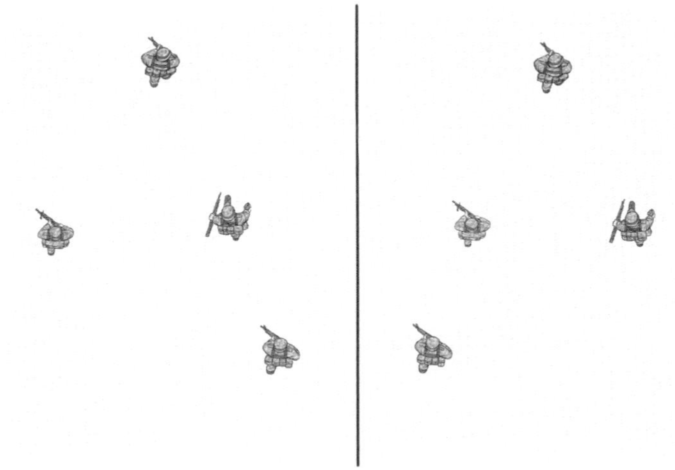

反応するか、自分の任務に銃撃がどう影響するかも考慮すべきだ。すでに述べたように、価値の低い相手を撃つことで、重要人物を排除する任務を危険にさらすべきではない。

監視は、敵の銃手を数人撃つよりもずっと重要な任務だ。このため、視界に完璧にしとめられる標的があっても、手を出さないというむずかしい決断をすべきときもある。同様に、射撃を受けた敵が、付近の友軍に反撃する危険がある場合は、慎重に検討すべきだ。狙撃手はつねに頭のなかで全体像を描き、それに応じて撃つか撃たないかの判断をくださなければならないのである。

価値のある標的

可能であれば、敵部隊で一番価値のある兵士か、友軍に大きな脅威をもた

チャック・マウィニー（1949年～）

チャック・マウィニーはアメリカ海兵隊の狙撃手として、103名の狙撃記録が確定している。当時の記録確定規則では、証人がいるか、将校による死体確認が必要であり、つねにそれが可能だとはかぎらなかった。このため、確定されていない「推定」狙撃数は200を超すと思われる。このなかには、スナイパーライフルではなく、M14ライフルで敵パトロール16名を殺害した例もあった。敵パトロール兵はみな頭を撃ち抜かれていたが、証人がいないため、これは公式記録には含まれていないのである。

らす、非常に危険な相手を標的に選ぶ。ごくふつうのゲリラ兵でも、それが側面攻撃をする位置についたために友軍の歩兵ではしとめることができない場合がある。それを排除することで部隊全体の戦況が改善し、また死傷者も出さずにすむのであれば、そのゲリラ兵を重要な標的とすることもあるだろう。価値の高い標的とは、つぎにあげるようなものだ。

狙撃手　多くの場合、優先順位が一番高い。敵狙撃手を撃つチャンスはめったにないが、その狙撃手がもたらす損害は甚大だ。このため、排除しないことに緊急の理由がないかぎり、敵狙撃手とわかった場合には排除する。これは自衛の問題でもある。狙撃手に対する最高の武器は狙撃手だからだ。

上級指揮官　敵部隊をうまくまとめる能力があり、排除すれば敵は混乱するため、優先順位は高い。すぐ下につく部下も価値は大きい。情報収集や後方支援など、重要な作業を監督していることが多いからだ。こうした要員を排除すれば、敵はしばらくはうまく動けなくなる。

犬とハンドラー　狙撃手を発見し、また狙撃手が脱出するさいには追跡を続けるため、敵部隊の兵士よりも危険だ。多くは、ハンドラーのほうが犬よりも優先順位が高い。指示を受けられない犬は敵部隊の助けにはならず、かえって混乱させる場合がある。

斥候と砲観測手　狙撃チームと友軍にとっては、敵狙撃手同様深刻な脅威だ。スキルを備え、多くは一般的な敵戦闘員よりもはるかに経験豊富な兵士たちである。能力の高い観測手や斥候を失えば敵部隊の活動は長時間まひしかねず、即座に狙撃手に反撃する能力も低下する。

指揮官　将校や下士官、また車列の指揮官や、緊急時には指示を出し率先して動くような一般歩兵も、即時的意味で重要な標的だ。リーダーを排除すれば敵の反撃を弱め、友軍の正規部隊が敵を倒すのもずっとらくになる。長期的には、熟練の将校や下士官を欠けば、敵部隊の質が低下する。

特技兵　通信兵や支援兵器要員、整備士、運転手は、一般の歩兵よりも多くの訓練を要する。こうした兵員を失うことは、支援の要請や、戦略的行動や戦闘を実行する能力の低下に直結する。機関銃を撃てなくなるなど、敵の損失が一目瞭然の場合もあれば、迫撃砲の

標的の選定

狙撃手なら、敵が安全だと思っているエリアにいるときでさえ、攻撃が可能だ。標的にするのは、最大の効果を上げられるところだ。攻撃されれば兵士は避難するだろうが、物体は、動かされないかぎりそこにある。敵車両のタイヤを狙って敵の機動力を奪うこともあれば、燃料タンクを撃って穴をあけることもできるのだ。

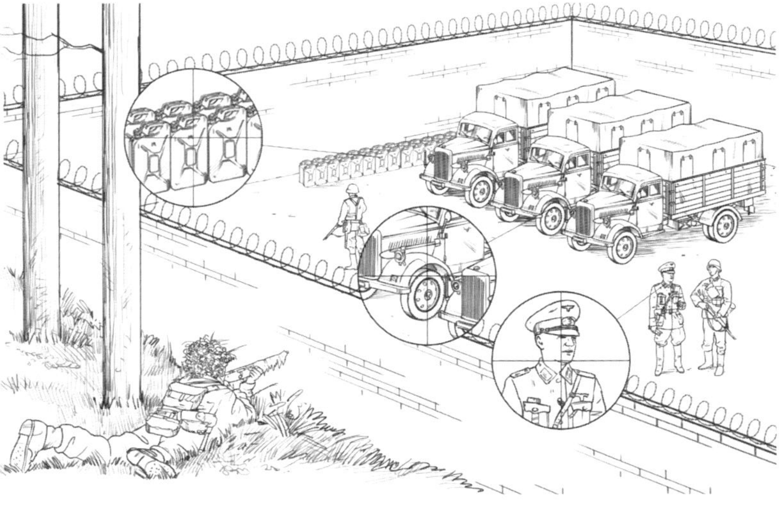

M24 スナイパー・システム

アメリカ軍の M24 スナイパー・システムは、M110 セミオートマティック・スナイパー・システムへの変更が予定されていた。しかしアップグレード例が多数あり、アメリカ陸軍はしばらく M24 を使用する予定のようだ。

正確な砲撃による支援や、陣地からの迅速な退避が行えなくなるなど、能力の損失が目に見えにくい場合もある。

装備　車両用光学機器、通信機器、レーダー装置はじめ多くの兵器システムは、撃たれれば使えなくなる。こうした装備の損失による影響は即座に現れる。防空レーダーが破損する、あるいは長期に通信できないと、作戦が混乱してしまう。いずれにしても、狙撃手は、たったの一発でさまざまなものに影響をおよぼすことができるのだ。

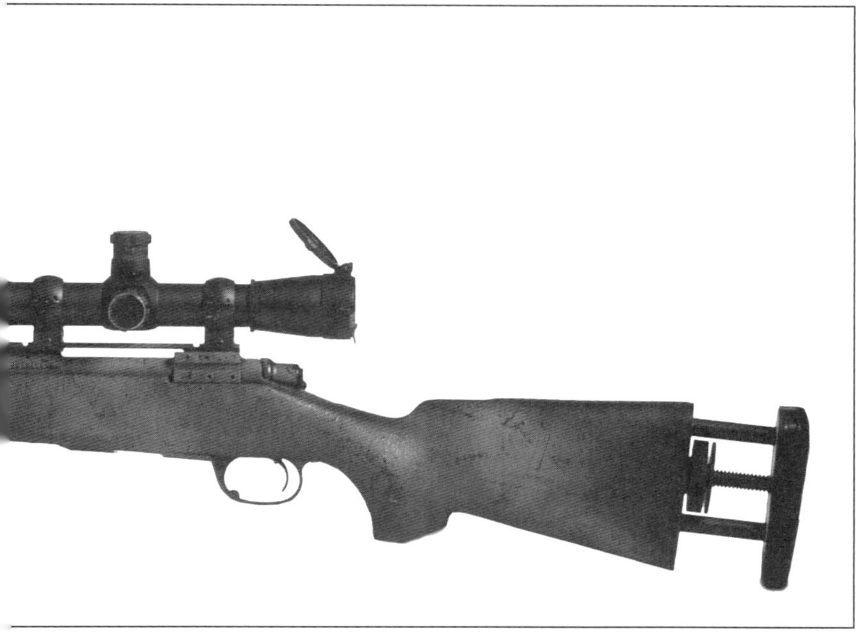

ティモシー・L・ケルナー

ティモシー・L・ケルナーは、イラクで展開するアメリカ陸軍において、139 名の狙撃記録をもつとされる。その多くは市街地において成し遂げたもので、かならずしも狙撃の確定や、死体確認ができたわけではない。このため、ケルナーの狙撃だと「推定」されるものがさらにあり、300 程度になると思われる。ケルナーの狙撃の大半は、M24 スナイパー・システムで実行された。このシステムは、ボルトアクション式レミントン・モデル 700 ライフルをベースにしたものだ。現代の狙撃手の多くがそうであるように、ケルナーが任務についたのは市街地であり、標的の確認がむずかしく、つねに一般市民のことを考慮しなければならなかった。必要とされるスキルは同じでも、市街地という環境は、開けた土地にある交戦地帯とは大きく異なるのである。

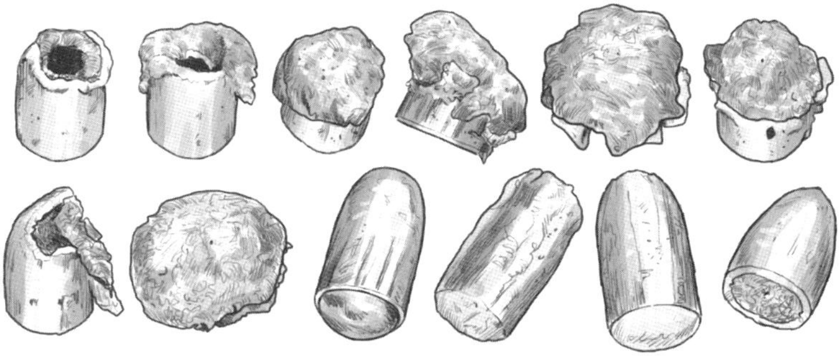

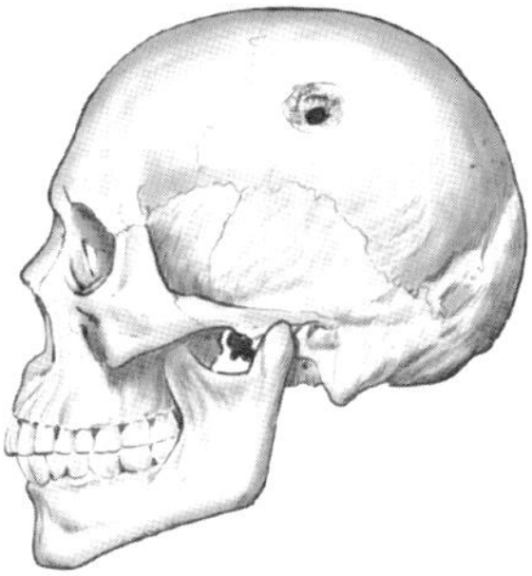

第12章

たったの一発が大きな影響をおよぼすこともある。その犠牲者だけではなく、犠牲者が属する軍事機構全体に影響がおよぶのである。

射撃の効果

狙撃手の標的の大半は人であり、命を奪ったり重傷を負わせたりする。しかし、それが射撃の真の目的ではない。ある意味、狙撃手の仕事は非常に個人的な行為であり、自分で標的を選定し、撃って命を奪う。しかし通常は、殺害ばかりが決着をつける手段ではない。

任務が将軍や敵狙撃手など個人の殺害であっても、目的とするのは死ではなく、その死が敵に影響をおよぼすことなのである。

狙撃手は、自軍の兵士が銃撃されないように敵狙撃手を殺害することもあれば、作戦行動で力を発揮させないように、敵将校を排除することもある。標的を憎んだり嫌ったりする必要はないし、通常、そういう感情は抱かない。しかし狙撃手は、自分の放つ一発が上げる効果を、大半の兵士たちよりも明確に理解しているのである。

狙撃手は、撃った相手が命を落としたり、致命傷を負ったりするまさにその瞬間を目にすることがあり、これに精神的な備えがなければならない。冷徹に他人を殺害することに対してうまく感情処理ができなければ、狙撃手としての期間は短く、おそらく悲痛なものになるだろう。

最高の成果を上げるためには、狙撃手は標的に対して行うべきことを正確に理解し、とにかく撃たなければならない。

ドラグノフ SVDS スナイパーライフル

ドラグノフ SVDS はコンパクト・タイプのライフルであり、移動のスペースがかぎられている落下傘兵などが使用するためのものだ。銃床は折りたたみ式で、ベースとなったライフルよりも先端材料が使われているが、本質的には同じライフルといえる。

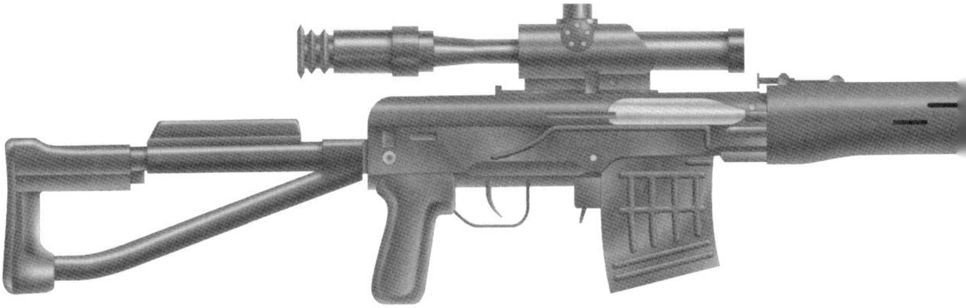

銃創

通常は、銃弾が人体に入るときの傷は小さく、出るときのものはそれよりずっと大きい。「貫通」する場合は一般に、銃弾が人体内にとどまって運動エネルギーをすべて発散する場合よりも、傷は小さい。

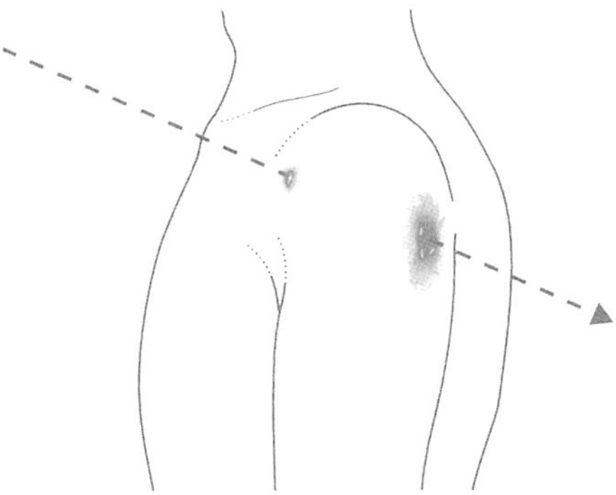

銃創

銃弾が損傷を与える仕組みを正確に理解している人はあまりいない。映画やテレビの場面では、物理学よりも、ストーリーや劇的効果の必要性が重視され、ディレクターの望み通りの効果をもつ銃弾に仕立てられている。このため、多くの武器の性能（やその性能をもたないこと）にかんして誤解が生じるのである。

ごく簡単に説明すると、火器は、性質は異なるが関連するふたつの作用をもつ。創傷と阻止である。「ストッピング・パワー」は、標的がなにをしていようと、武器が即座にそれを止める能力だ。これは殺傷力の大きさとつねに関連があるわけではなく、たとえば、殺傷力が小さい「ビーンバッグ」弾でも、背中に命中すれば衝撃で標的の動きは止まるだろう。だが傷は比較的小さく、致命傷ではないことが多い。また、小口径のピストルの銃弾は、敵の動きを即座に止めはしなくても、長時間の出血で死にいたる場合もある。

警官がひとりで敵の集団と対している場合や、兵士が近接射撃を受けているようなときには、ストッピング・パワーは非常に重要だ。生き残りのチャンスが増すからだ。敵が息絶えたとしても、その前に敵に反撃されて負傷するとしたら、これはうまくいったとはいえない。一方、狙撃手（や暗殺者）は、たいていはストッピング・パワーよりも殺傷力を重視する。標的が即死するか、時間をおいて死ぬかはたいした問題ではない。撃った相手が致命傷を受けてはいるがまだ命があったとしても、数百メートル離れたところにいるのなら、脅威とはならないからだ。

即時射殺

しかし通常は、狙撃手は命を奪うために撃つ。一般には、銃弾で負傷しても、適切な手当を受ける人の大半は生き残る。敵が、倒れはしたが意識があり、任務を遂行できる状態の場合もある。さまざまな理由から、狙撃手が、相手を負傷させるにとどめることもあるが、おそらくそれはほかの兵士を援護に引っ張り出すためだ。とはいえ一番多いのは、射殺する例なのである。

大半の武器では、創傷能力とストッピング・パワーには関連があり、武器が強力であるほど、殺傷力が高くストッピング・パワーもある。もっとも、殺傷力を使って確実に「一発阻止」す

移動する標的の射撃

射手のほうにまっすぐ向かってくる、あるいは離れていこうとする標的には、リードはほとんどとる必要がない。横方向に移動する標的は、その速度と進行方向に応じてリードが必要だ。

ることも可能だ。大きな損傷を与えたとしても、胴や脚など急所でない部位であれば、相手を阻止することはできないかもしれない。しかしそれが心臓や脳となると、標的は即死する。これは、敵の重要人物や人質をとっている犯人を排除するさいには、とくに大事なポイントだ。

胴撃ち

胴体を貫通する傷は命を奪う可能性がある。胴体の中心を狙うのは頭よりもずっとかんたんだが、胴を撃ってかならず即死にいたるわけではない。

心理的効果と身体的効果

一発の銃弾がもたらす心理的効果については、これまでにもいわれてきた。簡単にまとめれば、「弾があたってもまだ相手が倒れてはいないなら、しばらくは倒せない」ということだ。準備段階にあって、まだ精神的に「戦闘状態」にない者は、撃たれたら、たいした傷ではなくともおそらくは体を抱えこんで倒れるだろう。しかし命をかけて戦っている最中には、撃たれたとしても致命傷ではなく、体が動きさえすれば、おそらくは戦い続ける。その後倒れることも、命を落とすことさえあるかもしれないが、傷の程度は同じでも、撃った相手の精神状態しだいで反応は異なるのだ。

とはいえ、身体的効果は心理的効果にまさる。本人の強靭さや精神状態には関係なく、重要臓器の損傷や骨折は大きな効果を上げる。このため、狙撃手は再起不能な精神状態に陥らせるほどの重傷を負わせようとするよりも、身体的効果を狙って撃つ。効果は確実で予測可能だからだ。もちろん、銃口初速が速く、重い銃弾を放つような強

創洞のタイプ

銃弾が人体を貫通するさいには、異なるタイプの創洞が生じる。「貫通性挫滅創」は、銃弾の実質的な通り道であり、直径は銃弾のものと同じだが、広がることもある。「射創管」は、銃弾の通り道周辺の組織が破壊されてできたものだ。

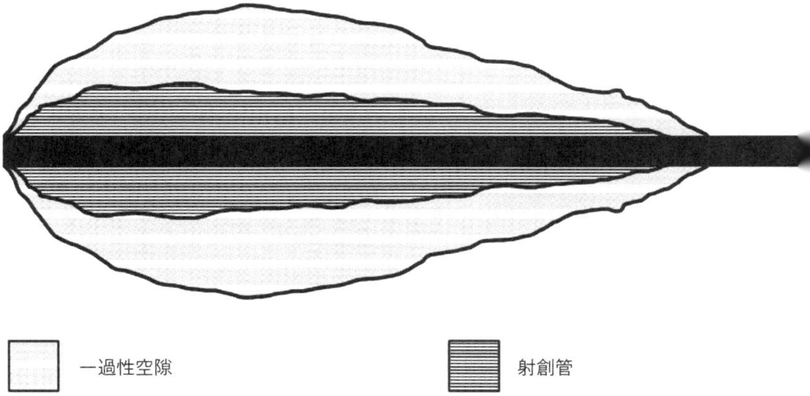

力な武器ほど、体に与える影響は大きい。

弾道学

銃弾が与える損傷は、その質量とエネルギーによるものだが、それだけですむ話ではない。いかに銃弾のエネルギーを効率よく標的に移動させるか、そして体のどの部位を傷つけるかが重要だ。さらに、組織や骨にあたったときの銃弾の運動がおよぼす影響も考慮する必要がある。狙撃手は、狙撃の効果を予測し、あるいは予測どおりの結果を得たいのであれば、こうした要素について実用的な知識を備えている必要がある。

銃弾などの発射物の動きをあつかう弾道学には、3つのサブフィールドがある。内部弾道学、外部弾道学、終末弾道学だ。内部弾道学は、武器内の銃弾の、外部弾道学は発射されたあとの銃弾の運動にかんするものだ。通常、「弾道」とは後者をいうときに使われることが多い。終末弾道学は空気よりも密度の高いものにあたったときの銃弾の運動で、このなかに創傷弾道学というさらに特化した分野がある。

創傷弾道学では、銃弾が与える損傷には3つの異なる作用がある。

裂傷、挫滅創　銃弾が直接組織や臓器、骨にあたり、その通り道に刻まれる傷だ。大半のピストルから放たれる銃弾のように比較的低速の発射体は、おもにこうした作用で損傷を与える。つまり、重要臓器をはずす、あるいは重要血管を断裂しなかった弾は、概して比較的軽いダメージしか与えないということだ。このため、銃弾を高速で発射する武器よりも、ピストルで撃たれたほうが生き残る確率は高い。

衝撃波　ライフルなどから放たれた高速の発射体で生じ、柔らかい組織を、

「一過性空隙」は、銃弾が組織に発散したエネルギーによって生じる一時的なものであり、すぐにつぶれ、銃弾の通過後ははっきりとはわからないこともある。

貫通性挫滅創

銃弾の衝撃

頭蓋骨は非常に硬いが、銃弾があたったときに受ける衝撃によって砕けることもある。このために、銃弾があたった箇所ではない部分が損傷を受けることもある。

裂傷のある頭蓋骨

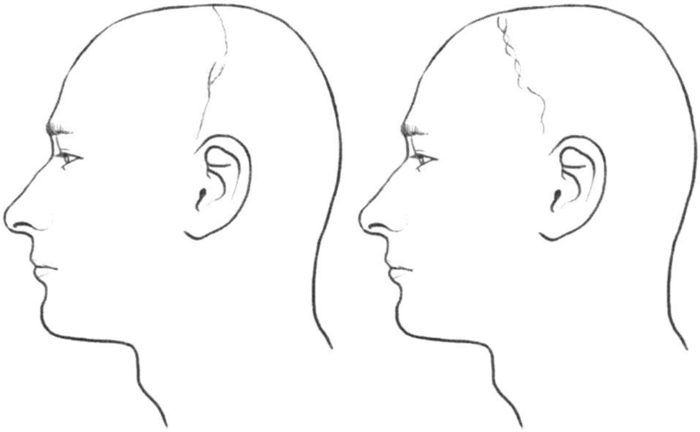

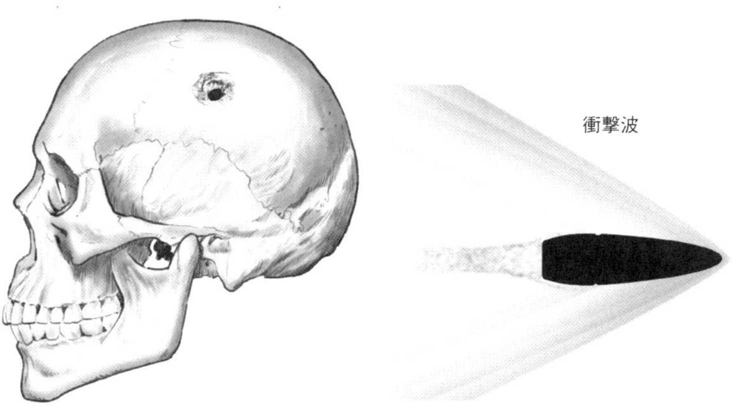

銃弾の側面と前方に圧す。人体の成分のほとんどは水で、つまり高密度の液状媒体であるため、衝撃が伝わりやすい。

このことから、衝撃波にかんしては流体静力学にもとづくさまざまな迷信が生まれ、つまさきにあたれば心臓が爆発するほど強力な武器がある、といわれているのは有名だ。これは事実ではないにしろ、高初速の銃弾が柔らかい組織を通過して生じる衝撃波は、甚大な損傷を与えることになる。

空洞現象《キャビテーション》　銃弾が標的の組織に運動エネルギーを伝えるときに空隙が生じ、銃弾から組織が離れる。このとき生じた空隙はたいていは一瞬でふさがるが、受けるダメージは非常に大きい。

組織は、空隙が生じ、閉じるときに激しい損傷を受ける。これはときに、銃弾が組織を貫通して永久的に残る銃弾痕や創洞と混同されることもある。この場合は、射出口から体外へと吹き飛ばされ、組織が永久的に欠損していることが多い。

骨片　骨にあたった銃弾はそれたり、骨を砕いたりして、複合的な傷が生じる。骨片自体が二次的な発射体となって、さらなるダメージを与える場合もある。骨は、直接銃弾があたらなくとも折れることがあり、その多くは空洞現象のためだ。頭蓋骨で銃弾がそれるケースもあるが、通常は、軽く、低速の弾でしか起こらない。

頭蓋に入ったものの、反対側へと抜けるだけのエネルギーをもたない銃弾は、内部で跳ね返るため、貫通弾よりも大きな脳損傷をもたらす。頭蓋骨の破片と割れたヘルメットも、脳を傷つける危険がある。

確実にしとめる

銃撃による損傷のなかでも一番深刻なものが、重要臓器や動脈などの大血管が負うものだ。骨と組織に損傷を受けただけでは命を失うことまではなく、それほど重要ではない部位に傷を受け、出血量も比較的少なければ、手当をすれば負傷者が一定期間生きていることもあるだろう。さらに適切な医学的治療を受けられるまでもてば、完治も可能であり、生き残れる確率はかなり高い。

このため、確実にしとめるためには、重要臓器に甚大な損傷を与えるか、空洞現象や、血管の損傷や骨片など二次的損傷を生じるもので大きなダメージを与え、早急に致命傷を負わせることが必要だ。銃弾があたった位置にくわえ、銃弾の性質も標的の運命を決める。

射殺

脳を撃つと、通常は即死だ。敵射手の反射的な射撃を阻止するためには、脳の基底部にある小さな延髄に命中しなければならないと、長く考えられていた。しかし、脳にあたれば十分だということが判明している。

頭部

心臓を撃たれても死にいたるが、即死の場合もあれば、急速な内出血が原因の場合もある。

胸部

銃弾の飛翔

飛翔中にヨー《左右の動き》がある銃弾は急速に速度が低下し、命中精度が低いことがあるが、標的にあたったあともこの動きはほぼ続くので、損傷を与える性質にはすぐれている。運動エネルギーを標的により迅速に発散するため、傷を広げるのである。

回転《スピン》する銃弾には複雑な力が働き、長軸を軸に歳差運動《プリセッション》をする。銃弾の鼻先は一般に飛翔方向を向いているが、先端は旋回する。飛翔中にヨーの動きをする銃弾よりも安定性は高い。

「うなずく」動きに似た章動は複雑な動きであり、大きくなると、銃弾が横転する。短く軽い弾よりも、長く重い弾のほうがこうなる可能性が高いが、銃弾の回転《スピン》によるジャイロ効果で安定させ、自動修正する場合が多い。

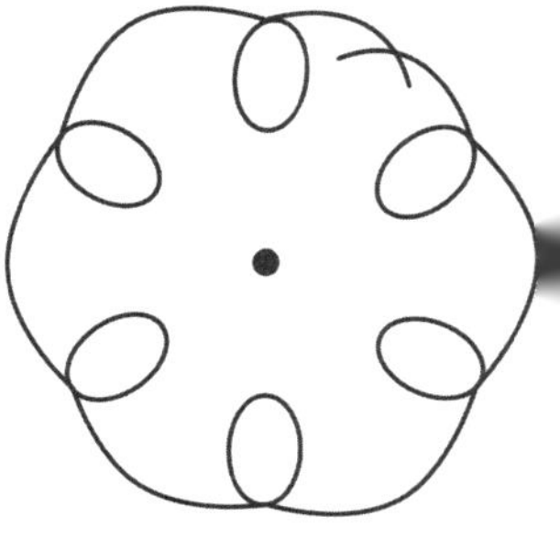

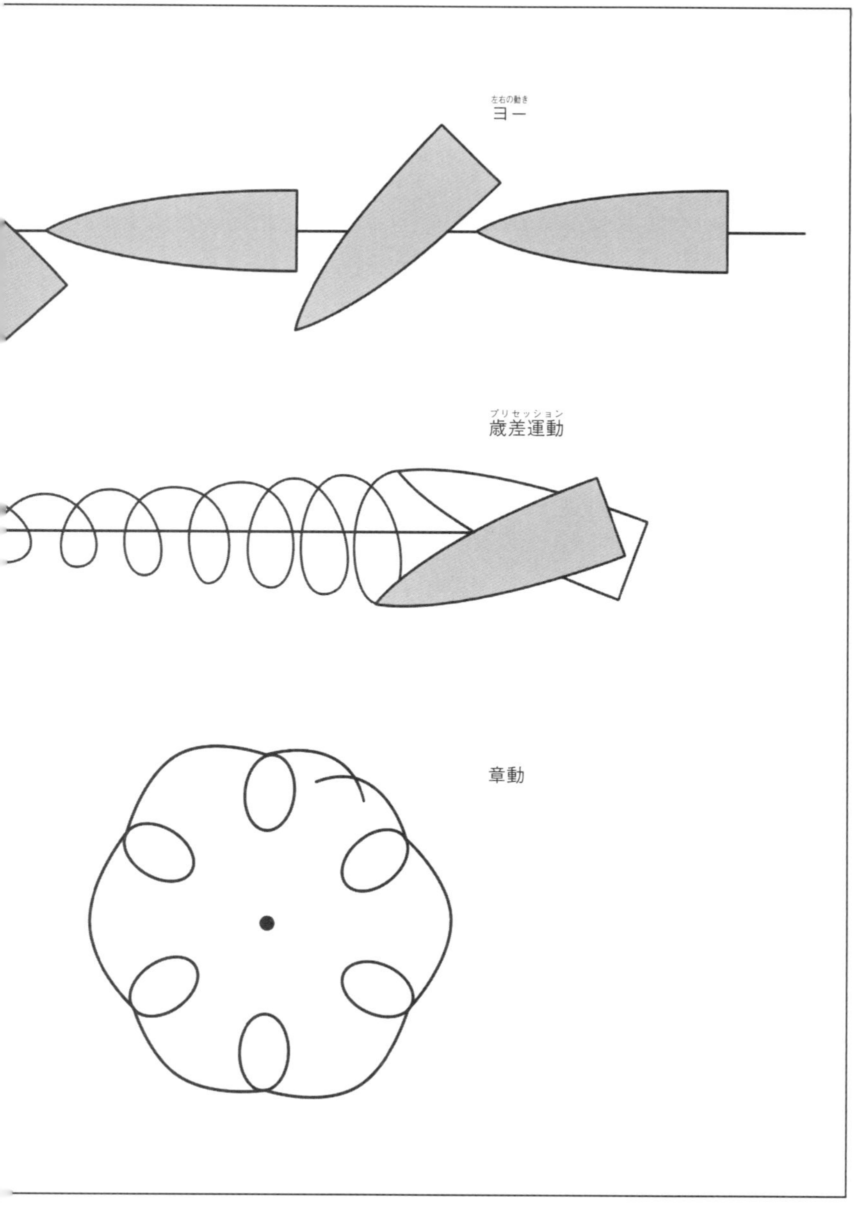
ヨー《左右の動き》
歳差運動《プリセッション》
章動

銃弾の衝撃

銃弾の大半は標的内に侵入したあとに急激に速度が落ち、ある程度つぶれて広がる（「マッシュルーミング」）。弾片は発散角が大きく、いくつか小さな傷を作る場合もある。柔らかく、先端が平たい銃弾のほうが早くエキスパンション《広がる》する。傷のなかでエキスパンションするよう設計された銃弾は、国家間戦争での使用は違法だが、狩猟や警察による使用は認められている。

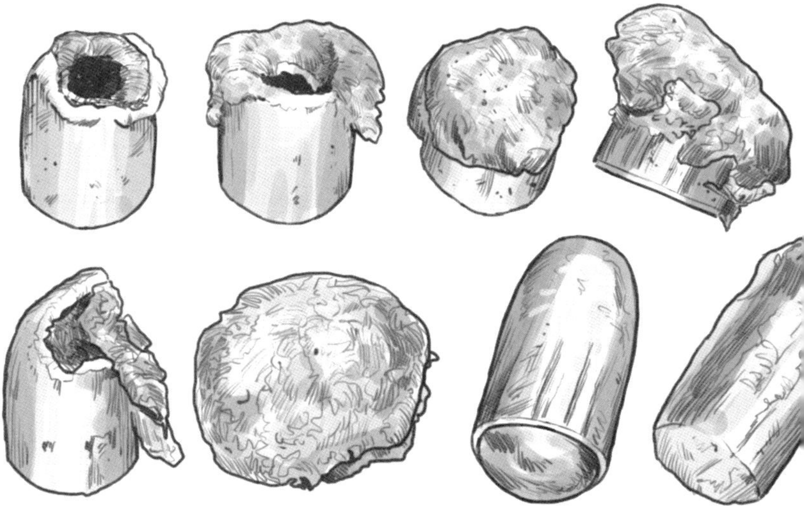

銃弾の力学

一部には、ライフルのなかには飛翔中に横転する銃弾を放ち、殺傷力を増すものがあるという誤解がある。これは事実ではない。この種の「横転弾」は非常に命中精度が低く、エネルギーをすぐに失い、射程もかなり短い。銃弾は回転《スピン》することで飛翔が安定するが、横転すると安定とはほど遠い飛翔になる。

一般に銃弾は長軸の先端がとがって

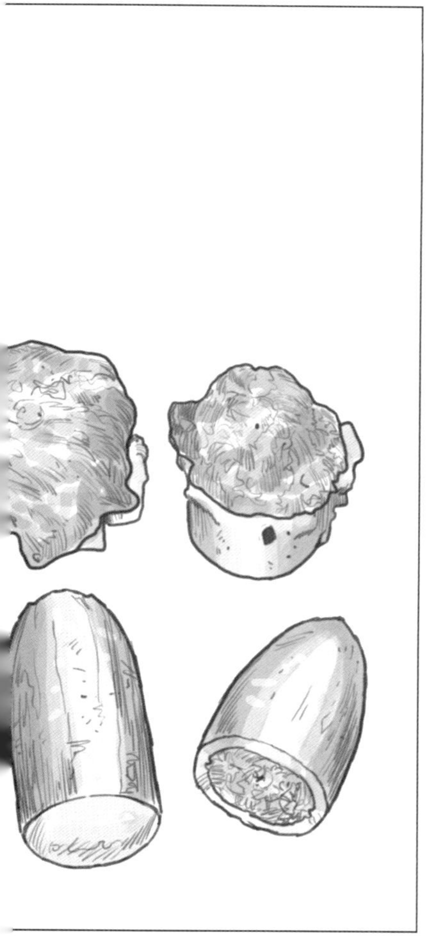

銃弾の形状と構造

銃弾は、精度を高くしようとするなら、飛翔中の回転《スピン》が空気力学を考慮したものであり、安定していることが必要だ。さらに密度が高く重くなければならない。鉛は銃弾に理想的な材料であり、衝撃で変形するので、標的に与える損傷の度合いを増すことになる。銅などで覆うか、芯に異なる材料を使い、飛翔の性質や装甲に対する貫通力を変えている銃弾もある。

おり、長軸を軸に回転運動する。飛翔中の銃弾の運動は、3つに分類される。ピッチ、ロール、ヨーだ。銃弾は、銃身にライフリングがあるために長軸を軸にロール（回転《スピン》）するが、飛翔中の動きにはピッチとヨーもある。ピッチは、銃弾の長軸を軸に先端が上下運動することで、ヨーは左右の動きだ。銃弾は、先端を先頭にしてまっすぐに飛ぶわけではなく、飛翔中には長軸がゆっくりと旋回する（歳差運動《プリセッション》）。つまり、飛翔中の銃弾はかならずしも、真正面を向いているわけではないということだ。先端はわずかに銃弾の軸からそれて、飛翔方向を基軸に円運動をする。このため銃弾は、標的が飛翔する銃弾に対して垂直に立っている場合でも、標的に先端部分から先にあたるとはかぎらず、そうなると保証されているわけでもない。銃弾は人体にあたるとすぐに速度が低下するために、傷のなかでヨーやピッチの動きが生じ、向きが変わる場合がある。ここから、「横転弾」という迷信が生まれたのだ。この結果、銃弾は人体内を前後が逆になって進み、それによって損傷の度合いは大きくなる。浅く、軽微な傷ではこうならないが、胴体に強く撃ちこまれた弾は、横転してからとどまったり出て行ったりする間がある。

先端が平たい銃弾は、先端がとがり、人体を貫通する力が強い銃弾よりも早

銃弾の形状

一般的な銃弾は円頭型だが、スペシャリスト用にはさまざまな形状がある。ワッドカッター弾は本来は射撃競技用のものであり、すぐれたストッピング・パワーがあり自衛にむく。

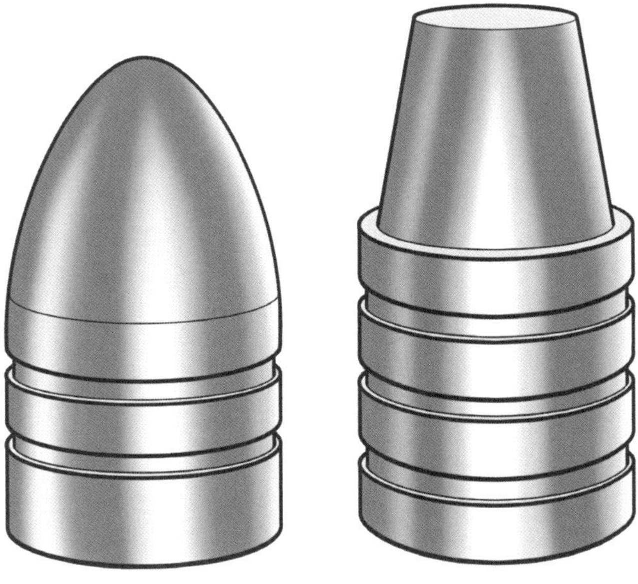

円頭弾《ラウンド・ノーズ》　セミ・ワッドカッター弾

く運動エネルギーを発散する。つまり、このために大きな損傷を与えることになる。弾は砕けることもあり、小さな弾片ほど早くスピードが落ち、エネルギーを周囲の組織に伝えて大きな傷を生む。弾片があると、重要臓器や血管に命中する確率も高くなる。

殺傷力の強化

飛翔が安定した弾は、体内でヨーの動きをすることはあまりなく、非常に命中精度の高い銃弾のほうが、通常弾

セミ・ワッドカッター弾は、円頭弾の安定した弾道と、ワッドカッター弾のストッピング・パワーを組み合わせたものだ。ジャケテッド・ホロー・ポイント弾は、衝撃でつぶれ広がることを目的としたものだが、弾道の改善のためと、発射時に銃身に柔らかい鉛が付着しないように、硬い被甲が施されている。

ジャケテッド・ホロー・ポイント弾　　ワッドカッター弾

弾片による傷

傷のなかで銃弾が砕けると周囲の組織に大きな力を発散するが、エネルギーを体外に放つのではなく、組織の一部を欠損させてしまう。生じる空洞現象《キャビテーション》はわずかだが、小さな弾片が直接血管を裂いたり、臓器に損傷を与えたりする。

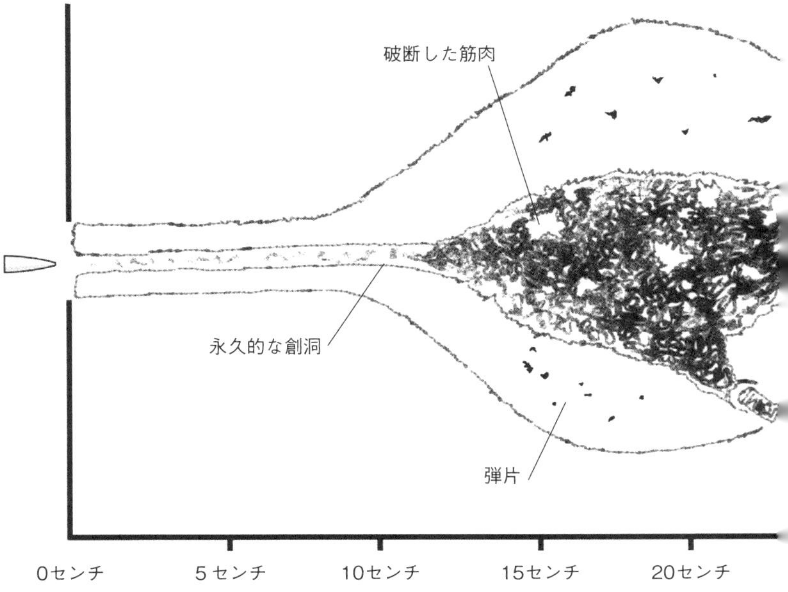

よりも与える損傷は小さいということになる。銃弾の殺傷力を増す方法は多くあり、もちろん、心臓や頭部を狙う場合は、精密射撃を行えば致命傷を与える。殺傷力を強化した弾のなかには、使用の是非を問われ、国際法で禁じられている銃弾もあるが、それ以外は合法だ。

拡張弾《エキスパンディング・ブレット》

ごく柔らかい鉛製の銃弾は衝撃でつぶれて広がり《エキスパンション》（「マッシュルーミング」）、運動エネルギーを素早く発散して損傷を大きくする。拡張弾はまた

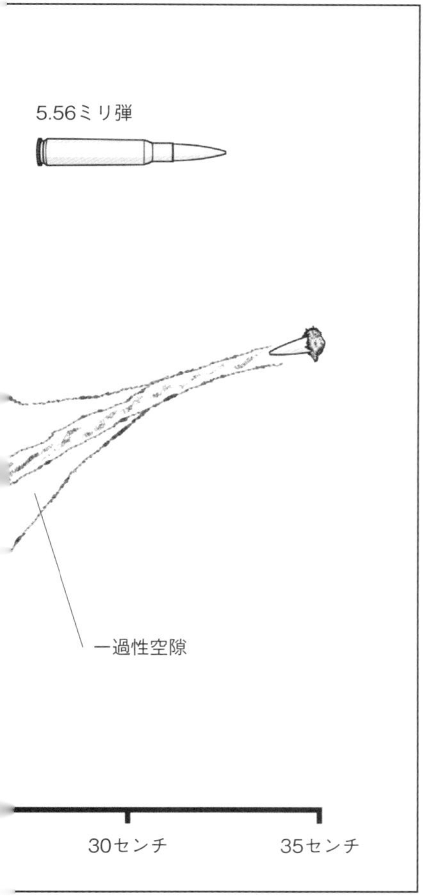

傷も広げるため、組織の損傷度が大きくなる。衝撃で銃弾がつぶれるためには、先端をくぼませるか、X字型の切れこみをいれるという方法もあり、どちらもエキスパンションする。このようなホロー・ポイント弾は砕けやすい性質があり、これが奏功する場合もあるが、かんたんな遮蔽物やボディ・アーマーを貫通できないこともある。

軍用弾に使われるフル・メタル・ジャケット弾はこうなりにくいが、ジャケテッド・ホロー・ポイント弾は、傷のなかでつぶれやすい。セミ・ジャケテッド弾は柔らかい銃弾先端部が露出しており、貫通力とエキスパンションのバランスをとっている。このタイプの拡張弾は、19世紀にイギリス陸軍が使用したインドの造兵廠にちなんでダムダム弾と呼ばれることもある。ここで拡張弾の実験が行われていたのだ。拡張弾は、1899年のハーグ条約で戦争での使用が禁止されたが、自衛のためや警察、狩猟などでの使用は合法だ。

徹甲弾

徹甲弾は硬い面を貫くためのもので、これは当然、人体損傷にも大きな効果がある。徹甲弾が臓器に命中すれば、他の銃弾と同じく致命傷になるが、運動エネルギーの発散は遅いため、臓器に命中しない場合は深刻な傷になる危険性は低い。敵の装甲など硬い標的を狙わなければならない、あるいは障害物を貫通させて撃つ必要がある場合は、この銃弾が役に立つ。徹甲弾は、対物任務にも使用される。

貫通力を増すためにはさまざまな方法があり、銃弾の形状もひとつの要因だ。弾が標的にほぼ垂直にあたるので

BMG弾

12.7ミリ（0.5インチ）BMG（ブローニング・マシンガン）弾は、重機関銃にくわえ、対物ライフルにも使用されることがある。十分な大きさがあるため、この銃弾をもとに、炸裂弾や焼夷弾といったスペシャリスト用弾が作られている。

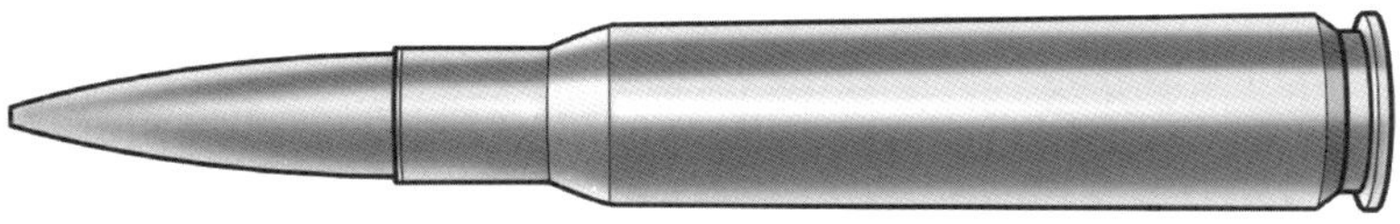

あれば、先端がよりとがった弾のほうが貫通力はある。より硬い材質の弾は衝撃を受けても形状を維持するので、貫通力が大きい。徹甲弾の多くは、鉄鋼やタングステン・カーバイド（炭化カーバイド）など、硬く密度の高い材料でできた弾芯を使用している。これを銅やカプロニッケルのジャケットで包み、銃身の過剰な摩耗を防いでいる。

非常に大口径の銃では装弾筒付き弾薬を使用可能であり、これには対戦車弾と同様の効果がある。針のように細長い侵徹体が装弾筒《サボ》（「靴」）に収められ、これが飛翔中に分離する。ほかには、徹甲焼夷弾や徹甲榴弾がある。対人使用を目的としたものではないが、状況によっては人に使用される場合もあり、こうした弾は命中したら最後、だれであれ大きな損傷を与える。遠距離の対人狙撃に最適な超長距離射撃用の銃弾もあるが、貫通力の強化は必要とされていない。

生死にかかわる危険

撃たれることは、あるイギリス軍将校の言葉によれば、「まったく認めがたい経験」だという。実のところ、命の危険にさらされてうれしい者などいないが、身に迫る危険のなかでも、とくに兵士を浮足立たせてしまうものがいくつかある。反撃の手段がない状況で砲撃を受けるのは癪に障るが、迫撃砲はもっと始末が悪い場合が多い。砲撃手は遠くにいて、地図のグリッド座

離隔照準《ホールドオフ》の算出

長距離射撃の場合は、狙撃手のスコープ上のミル・ドットを利用して正しい離隔照準《ホールドオフ》の数値を導きだし、風の影響や銃弾の落下を補うことができる。的確な方向で、必要な離隔照準を目算することは職人技といえるが、スコープでそれを測定することは科学にほかならない。

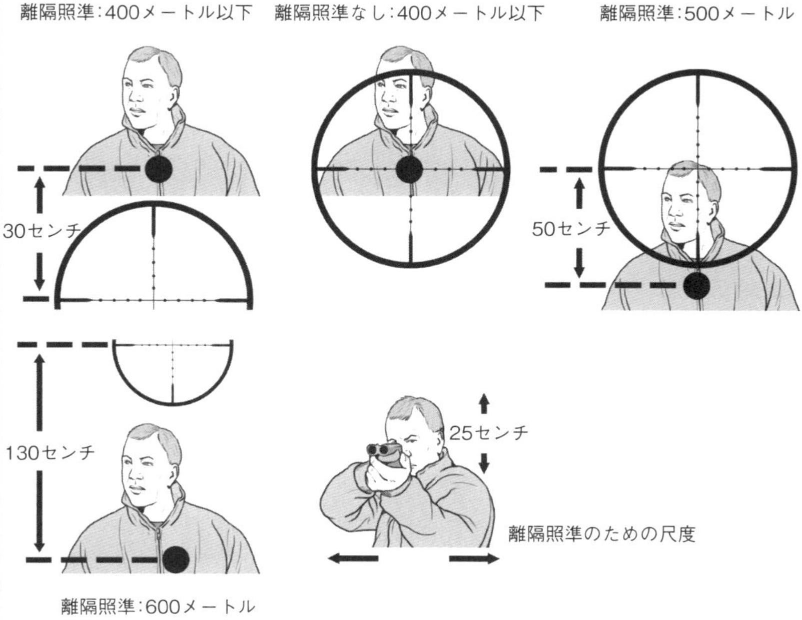

5時のチャーリー

ベトナム戦争中、ダナン付近で配置につくアメリカ軍の部隊は、毎日同時刻に射撃を受け、このしつこくつけ狙う敵狙撃手を「5時のチャーリー」と呼ぶようになった。この狙撃手を排除するためのさまざまな試みが失敗したため、部隊は106ミリ（4.17インチ）無反動砲を丘に運ぼうとしたが、実はこの狙撃手は、だれを狙っているのでもないことが判明した。このため、5時のチャーリーがいると思われるあたりを106ミリ榴弾で吹き飛ばすのはやめ、チャーリーに代わって腕のたつ狙撃手が現れるまでは放っておくことになった。しばらくのあいだ部隊は、チャーリーが撃つたびに、「マギーのズロース」を揚げてはおもしろがった。この赤旗で、見当はずれのところに撃っていることを知らせるのだ。5時のチャーリーは2ヶ月間というもの、アメリカ軍の陣地に毎日数発撃ってきたが、だれにも命中することはなかった。

標を目標に砲弾を飛ばす。これに対し、迫撃砲のクルーはごく近くから、より個人を狙って撃ってくるからだ。

また、歩兵戦で交わされるライフルと機関銃の銃撃戦も、狙撃よりも狙いがおおまかだ。多くは、マズルの発射炎や敵の動きがある方向を狙って撃っている。

格好の標的になってしまうと狙い撃ちされることもあるが、それでもしばらく身を隠せば、敵はほかに狙いを移すだろう。こうした戦闘は個人的なものではなく、集団対集団の撃ち合いだ。さらに、大半のショットは標的をはずす。遮蔽物を利用し、移動し、制圧射撃を行うといった歩兵の基本スキルは、兵士が身を守るための大きな力となり、このスキルからくる自信によって、危険を承知のうえで任務を遂行することも可能になる。

高まる恐怖

だが狙撃手は違う。狙撃手が狩るのは個人であり、はずすことはめったにない。ある程度離れた偽装陣地から、いついかなるときも標的をしとめようとする。一般的な兵士では、狙撃手という脅威に対処するすべがないことが多く、こういう状況におかれれば士気は大きく低下する。かなり危険度の低い地域にあっても、狙撃手がいて、今も狙いをつけているのではないかと疑心暗鬼になってしまう。ある一発が狙撃手が撃ったものだとわかると、この気持ちにさらに拍車がかかる。疑念にすぎなかったものが実際に切迫した脅威へと変わり、恐怖心が増すのである。

たったひとりの狙撃手が、かなり大規模な部隊をしばらく足止めしてしまうこともある。わずか数発で、中隊や連隊が長時間立ち往生したことも実際にあるのだ。これは、部隊が危険を察知したことが大きな原因だ。射撃されても大半が命中しなければ、兵士はたいして危険だと思わない。遮蔽物を出て、射撃と移動との連係《ファイア・アンド・ムーブメント》によって前進することになったとしても、積極的に狙撃手に攻撃をしかけることもあるだろう。

狙撃の性質と命中精度によって、その受け止め方は変わる。兵士はみな、狙撃手が撃ってくれば、おそらくは命中することがわかっている。この「知識」は正しいとはかぎらない。百発百中というわけではないし、実は狙撃手などいないのかもしれない。2、3発運よく命中したせいで、狙撃手がいると思いこんだということもありうる。しかし実情はどうあれ、銃撃されている部隊がどう受け止めているか、という点が問題なのである。

兵士が、遮蔽物を出れば狙い撃ちされる危険が大きいと思いこめば、そこから出ないだろうし、どこから撃っているのかわからない場合はなおさらだ。率先して反撃に出れば殺されるかもしれない。撃たれそうだと思い、「あとに続け」とは言わない場合もあるだろう。

あまりに絶望の度合が大きい状況では、リスクがあっても相殺されることもあるだろう。しかし概して、狙撃手がいるとなると、個人が危険だと思う度合いのほうが大きくなり、部隊は遮蔽物を利用して支援を要請する程度のことしかしなくなる。

狙撃手がこうした心理を利用して、敵部隊を足止めしたり、そのエリアに敵を近寄らせないようにしたりすることはままある。仲間が何人か狙撃手にしとめられていれば、兵士はその地域には入りたがらない。入るとしても、警戒心ばかり強くて作戦遂行は無理な場合もある。こうした影響は、狙撃手がそこを離れたあともしばらくは続く。

現実には、ひとりの狙撃手が街や交戦地域のなかを数ヶ所移動していることもあり、実際に存在することで力をおよぼしている場所もあれば、「いるかもしれない」という恐怖心を利用してその場を支配している場合もあるのだ。

逆に、狙撃手の存在を隠蔽したほうがうまくいくこともある。敵が見えないのにたったの一発で死傷者が出たとしたら、事態はかなり明白だ。攻撃さ

街路上の標的

狙撃手のスコープで拡大すると細かい部分を簡単に確認でき、おそらく、偽装した敵もすぐに発見できることが多い。狙撃手は、目に見えてさえいれば撃てるのである。

れた部隊は狙撃手対策をとり、自軍の狙撃手などに支援を要請する可能性がある。しかし、敵部隊を相手に交戦中であれば、死傷者の一部がほかからの射撃によるものだとは気づかないこともある。

通常の歩兵の陣地や検問所を利用して、敵部隊を狙撃手の待ち伏せポイントに引っ張り出すのもひとつの策だ。敵は、向かう先に複数の狙撃手が待ちかまえていることがわかっていれば、攻撃しない決断をくだす場合もある。しかし、目の前にあるのが守りの手薄な陣地だと思えば、出てきて戦おうとする可能性も十分にあるのだ。

本能と訓練

身を寄せ合って互いを守りあうのが人間の本能だ。剣と槍で戦った白兵戦の時代には、これは効果的戦術だった。しかし火器の発達以降は、「群れ集まる」ことは非常に危険になった。狙いやすく、かなり簡単に標的にされてしまうからだ。部隊はつねに、集団にならないよう警告されてはいるが、何千年にもわたる人間の本能で、これに反した行動をとってしまう。

たったひとりの狙撃手が大きな脅威をもたらしたことで、仲間が守ってくれるという期待にしがみつき、できるだけうまく身を隠すことしかできなくなる部隊は多い。そうなると、部隊の移動や状況観察の能力は制限されてしまう。こうして、狙撃手が敵の1個部隊をまるごとその場に足止めし、それに乗じて友軍が行動することも可能になるのだ。狙撃手自身や歩兵部隊が指示して、航空機や砲撃、あるいは別の歩兵部隊による支援が行われることもある。また狙撃手は、撤退する部隊の後方支援につくこともある。友軍が敵との接触を断ちもっと安全な陣地につくまで、狙撃手の力で敵の前進を遅らせるのだ。

このように、狙撃手が放つ一発の銃弾の効果は、命を奪うことにとどまらない。たったの一発が敵部隊全体の能力を低下させ、士気をくじき、しばらくのあいだ、敵を広範な地域に立ち入らせないようにすることも可能だ。一発ですべてを大きく変える。狙撃手のスキルのすべては、このゴールを目指すものなのである。

最後に

ポップ・カルチャーで「狙撃手」や狙撃に関連するものを取り上げる場合には、大きく誤用されている。メディアにとっては、ライフルをもっているだけで「狙撃手」であり、実際には威力のない「軽い」銃でも、ライフルというだけで「強力ライフル」または「高速ライフル」とされることもあるようだ。また、「狙撃手」という言葉を、なんとなく犯罪者や変質者と結びつけて考える人は多く、「狙撃手」といえば、たとえば、鐘楼の上から無差別に撃ちまくるようなイメージがある。

これは、現実の狙撃手とはまったく正反対の姿だ。狙撃手とは訓練を受けたプロフェッショナルであり、標的は慎重に選ばれる。厳しい選抜試験と訓練を経た狙撃手とは、「キレて」、罪のない人々を殺しはじめるような人物とは対極にある。

たとえ現役を退いた狙撃手であっても、昔を思い出して腕をふるおうとするなら、危険なスキルが思うままになるのだから、この姿勢は同じだ。

狙撃手とは

では、「狙撃手」とは正確にはなんなのか。狙撃手養成学校を修了できた者に与えられる称号であることはまちがいないが、答えはもう少し複雑だ。偽装陣地から慎重に射撃を行う敵戦闘員がいるとしたら、狙撃手といってもよいだろう。それが、標準的なアサルト・ライフルを使用する独学のゲリラ兵だとしても、そうだ。資格を有した狙撃手ではなくとも、その兵士が行っているのは狙撃だ。正式な訓練を受けることはなくとも、十分な経験を積めば、真の狙撃手となるのである。

スキル、精神状態、狙撃手

このように「狙撃手」とは、スキルとふさわしい精神状態とをあわせもつ者だと考えられる。狙撃手とは、正式な訓練の有無にかかわらず正しいスキルを身につけ、それを効果的に使える者だ。非常に低レベルの養成所が卒業生に「狙撃手」の名を与えたとしても、真の意味での狙撃手とはいえない。名前はそうであっても、戦場ではスタートラインにも立てないだろう。

「狙撃手」を定義するとしたら、おそらく、「狙撃手に求められる任務を遂行できる者」というしかないだろう。これには、スキル全般と射撃の技能、そしてもちろん、ふさわしい精神状態も含まれる。仕事ができない者は、名はどうであれ狙撃手ではない。スキルの身につけ方に違いはあっても、任務を遂行できる者が真の狙撃手である。

ゲームのなかの話？

狙撃手の謎めいたイメージから、いくつかテレビ・ゲームも生まれている。狙撃手が主役のものから、狙撃が重要なカギをにぎるものまでさまざまだが、狙撃を非常に現実的に描いているものもあれば、そうではないものもある。現実にちかいゲームでは、一部ではあるが狙撃の本質をうまく描いているが、ひたすら待ち、寒さに耐え、濡れて虫に食われるような場面は見過ごされがちだ。狙撃のこうした一面を中心においたゲームは、おもしろみがないのだろう。

またプレイヤーも同様で、現実の狙撃手の戦術やテクニックを使うプレイヤーがいるかと思うと、スコープつきのライフルで撃ちまくるだけの者もいて、そこには天と地の開きがある。狙撃テクニックを有効に使えるゲームはあっても、結局、ゲームは娯楽と気晴らしを提供するために作られている。現実世界の狙撃とは似て非なるものだ。

著者は、狙撃テクニックを試そうと、マルチプレイヤー・ゲームをやってみ

Mk12特殊目的ライフルで狙いをつけるアメリカ軍特殊部隊の兵士。2007年９月の「イラクの自由」作戦にて。

ボルトアクション式M40A1ライフルは、今日使用されているなかでも信頼度が非常に高いスナイパーライフルだ。

アフリカ、ジブチでカムフラージュのテクニックを訓練中の、アメリカ第24海兵遠征隊所属の海兵隊員。

た。その結果浮き彫りになったのは、あまり賢くない仲間と連携を密に行動するさいの問題点と、ゲームと現実の戦いの違いだった。そこから生まれたのがつぎの詩だ。

向こうの小道で銃撃戦が激しくなると
あいつは味方に向けてマガジンをからにした
あいつはふつうではありえないくらい勇敢になり
私のとなりに立って相棒になった
私は地面に顔をつけ、狙撃中だ
そして撃つたびに場所を変える
「援護の必要なし！」
私にはあいつなどいらない
だが、あいつは援護の必要ありと考えて
となりに相棒として立つ

あいつの射撃はすべてが全自動
敵は、あっさりと私たちをみつけてしまう
それでもあいつは敵をしとめた
ふたりか三人か
私のとなりに立つ
ヒーロー気取りの不器用なやつ

そのとき敵兵が不意打ちをかけ
私たちのほうに走り、手榴弾を投げる
5秒ヒューズの手榴弾はあと3秒で爆発だ
それは相棒には向かわず、私に落ちる

手榴弾を招いた相棒は遮蔽物の下に逃れたが
私はあまりにちかすぎて、全身に衝撃を受ける
多くは望まないが、これだけは言う
攻撃を招くくらいなら
私のとなりに立たないでくれ！

自立性、特殊性、知力

詩ではおもしろおかしく書いているが、ここには重要な問題が含まれている。狙撃手が一番やってはいけないことが、敵の注意を引く、または自分がいるほうに敵を向かわせることだ。また任務を完遂しようとするなら、自分で決断をくだす権限を与えられ、ほかの部隊とは離れて、スキルを効率よく使うことを認められていなければならない。これは、上官から細かく管理されるのではなく、信頼されなければならないということでもある。

狙撃手は、軍にとっては強力な武器だが、密に管理しようとするとその能力の多くはむだになってしまう。適切な装備と訓練が必要なのはもちろんだが、狙撃手独特の能力とその限界を理解する人物の指揮下におかれることも重要だ。狙撃手は一般の兵士が簡単にはできないことをやってのけるが、求められるたびに、奇跡を起こせるわけではないのだ。

歩兵の大軍が厳重な管理下におかれた時代は終わった。テクノロジーが進歩して多くの兵力増幅機器が生まれ、個々の兵士の力が増強されている。マンパワーを集中させた低強度紛争において、軍隊が限界ちかくまで任務を負う現代では、個々の能力増強の必要性は高まっている。「思考する兵士」を展開させることができれば、部隊の力は何倍にもなる。命令に従うことはだれにでもできるが、賢明な兵士なら、命じられなくとも、仲間を支援し戦況を改善する最善策を自分で判断できるのである。

20世紀の主要な戦争が終わったあとにも狙撃が大きく取り上げられることがないのは、狙撃手が、整然とした軍事機構のなかにおさまりきれるものではないからだろう。しかし、何度も言うが、狙撃手は必要だ。そして、任務を与えられ、そのすべてを任されたときに、一番力を発揮する点は証明済みだ。狙撃手は、おそらく最高の思考力をもつ兵士であり、軍事予算がますます削減されている時代においては、

非常に価値のある投資先だ。しかしそれをうまく使えるのは、狙撃手の力を最大限に生かす方法を知っている者だけなのである。

不発のショット

まとめれば、狙撃手とは、スキルと精神力を有し、戦況に大きな変化をもたらすことができる者だ。狙撃手はハンターでもあり、守護者でもあり、た

アフガニスタンのとある地域で任務につく、フランスの第２外人歩兵連隊の兵士。前方の兵士はPGMヘカートII対物ライフルで狙いをつける。相棒がもつのはFR F2スナイパーライフル。

いていは孤独な状況で、非常に粘り強く任務につく。ほかの大半の兵士とは違い、自分の一発がもたらす結果が鮮明に見えてしまうが、それでも再度取り組もうとする気持ちを維持しなければならない。

狙撃手は冷静に殺人を行う。アドレナリンが分泌されるとしたら、プラスではなく邪魔するほうに働いてしまう。ヒーローとしてもてはやされないということも理解している。それでも人目につかず、黙々となすべきことをこなし続ける。狙撃手の素質をもつ者はわずかで、資格を得る者になるとさらに少ない。しかし狙撃手と認められれば、実際の人数よりもはるかに大きな力を生み出すのだ。

皮肉にも、狙撃手が撃っていなかったら起きていたはずのことを想像してみたときに、狙撃手の影響力を一番よく理解できる。行われなかった戦闘、生じなかった死傷者、無事に帰国する兵士たち、爆発物が設置されなかったことで免れた被害。これはすべて、狙撃手の果てのない忍耐力、過酷な訓練、そして熟練の腕で冷静に放つ必殺の一撃がもたらしたものだ。狙撃手は恐ろしい技術を備え、それを使うのをいとわない。だがそれは、凶行におよぼうとする人々を阻むための行為なのである。

付録

アメリカ独立戦争から現代までの名狙撃手

国	狙撃手	紛争	狙撃確定数
アメリカ	ティモシー・マーフィー	アメリカ独立戦争	不明
イギリス	パトリック・ファーガソン	アメリカ独立戦争	不明
イギリス	トマス・プランケット	半島戦争	不明
アメリカ	ベン・パウェル軍曹	南北戦争	不明
カナダ	フランシス・ペガマガボー	南北戦争、第一次世界大戦	378名
オーストラリア	ビリー・シン	第一次世界大戦	150名
アメリカ	ヘンリー・ノーウェスト	第一次世界大戦	115名
フィンランド	シモ・ヘイヘ	冬戦争（フィンランド対ソ連）	705名
ソ連	ヴァシリ・ザイツェフ中尉	第二次世界大戦	225名
ドイツ	マティアス・ヘッツェナウアー一兵卒	第二次世界大戦	345名
ドイツ	ヨーゼフ・「ゼップ」・アラーベルガー	第二次世界大戦	257名
ソ連	リュドミラ・パヴリチェンコ	第二次世界大戦	309名
ニュージーランド	アルフレッド・ヒューム、VC	第二次世界大戦	33名
中国	チャン・タオ・ファン	朝鮮戦争	214名
アメリカ	アデルバート・F・ウォルドロン	ベトナム戦争	109名
アメリカ	カルロス・ハスコック	ベトナム戦争	93名
アメリカ	チャック・マウィニー	ベトナム戦争	103名
アメリカ	フランク・グリエチ	「砂漠の嵐」作戦	15名
アメリカ	スコット・デニソン	「砂漠の嵐」作戦	14名
アメリカ	ティモシー・L・ケルナー	「イラクの自由」作戦	139名

最長狙撃記録

国	狙撃手	紛争	ライフル	距離
イギリス	クレイグ・ハリソン	アフガニスタン	アキュラシー・インターナショナルL115A3	2475メートル
カナダ	ロブ・ファーロング	アフガニスタン	マクミランTAC-50タクティカル・ライフル	2430メートル
カナダ	アーロン・ペリー	アフガニスタン	マクミランTAC-50タクティカル・ライフル	2310メートル
イギリス	クリストファー・レイノルズ	アフガニスタン	アキュラシー・インターナショナルL115A3	1853メートル
アメリカ	ブランドン・マクガイヤ	イラク	M82バレット.50口径ライフル	1310メートル

アメリカ独立戦争から現在までの高性能スナイパーライフル

ライフル	国	口径	有効射程
ケンタッキー・ロング・ライフル	アメリカ植民地	15.2ミリ	93〜230メートル
ウィットワース・ライフル	イギリス	11.5ミリ	730〜910メートル
ファーガソン・ライフル	イギリス	17.27ミリ	不定
ベーカー・ライフル	イギリス	11.43ミリ	91〜270メートル（不定）
モーゼル・ゲヴェーア98	ドイツ	7.92ミリ	800メートル
ゲヴェーア41	ドイツ	7.92ミリ	400メートル
リー・エンフィールドNo.4 Mk1	イギリス	7.7ミリ	550メートル
M1ガランド	アメリカ	7.62ミリ	402メートル
モシン・ナガン1891/30	ソ連	7.62ミリ	750メートル
カラビナー98K	ドイツ	7.92ミリ	800メートル
九九式小銃	日本	6.5ミリ	——
スプリングフィールド1903A4	アメリカ	7.62ミリ	——
L42A1	イギリス	7.62ミリ	750メートル
M40A1	アメリカ	7.62ミリ	800メートル
M14	アメリカ	7.62ミリ	800メートル
M21	アメリカ	7.62ミリ	690メートル
ドラグノフSVD	ソ連	7.62ミリ	1300メートル
アキュラシー・インターナショナルL96	イギリス	7.62ミリ	1094メートル
M82A1バレット.50口径ライフル	アメリカ	12.7ミリ	1830メートル
ヘッケラー&コッホG3SG-1	ドイツ	7.62ミリ	400メートル
ヘッケラー&コッホPSG-1	ドイツ	7.62ミリ	800メートル
Mk12特殊目的ライフル	アメリカ	5.56ミリ	550メートル
アキュラシー・インターナショナルL115A3	イギリス	8.59ミリ	1400メートル
マクミランTAC-50タクティカル・ライフル	アメリカ	12.7ミリ	2000メートル

狙撃用語集

滑腔銃身《スムーズボア》の銃：マスケットや散弾銃など、ライフリングが施されていない銃。弾やペレットの集まりを発射するが、回転により弾に安定性をもたせる機能はない。このタイプの銃は本来精度が低く一般に狙撃には向かないが、長銃身のものはいくらか欠点を補っている。

観測手：狙撃手の助手を務め、狙撃チームが戦場にあるときは独自の任務を遂行するが、「射手」としての役割も果たす場合もある。経験の浅い狙撃手が、観測手として戦場で実地訓練を受けていることも多いが、経験を積んだ観測手専門の兵士もいる。

偽装工作：障害物などを利用して姿を見えづらくすること。しかしその背後に避難しても、銃弾や砲弾片に対する防御性はほとんどない。

軌道：銃弾の飛翔経路であり、銃弾のマズル・エネルギー、重力、空気抵抗の相互作用によって放物線を描く。

ギリー・スーツ：19 世紀スコットランドの、「ギリー」と呼ばれた狩猟場管理人が取り入れたカムフラージュのひとつ。カムフラージュ用のカバーオールに端切れをつけ、人体の特徴的な輪郭を隠すもの。

サプレッサー（抑制器）：マズルガスの一部を取りこむことで、発射時の銃声を抑制するよう設計された装置。銃を完全に「消音」することは不可能で、発射時にはつねになんらかの音がでる。

遮蔽物：遮蔽物とは、その背後に身をおけば、銃弾や砲弾片から身を守ってくれるもの。

銃弾の落下：飛翔する銃弾は重力の作用で落下が生じる。短距離では大きくないが、長距離では、銃弾の落下を補正する射撃を行わなくてはならず、そうしないと銃弾は標的に到達しない。

セミオートマティック：セルフローディング式ともいわれるセミオートマティックの銃は、弾を発射するときのエネルギーを使って発射済み薬莢を押し出し、つぎの弾薬を装填する。空薬莢が遮蔽物の外に落下したり、明かりを反射して注意を引いたりするので、狙撃手にとってこれはかならずしも望ましい機能ではない。銃の内部動作も照準点のずれにつながることがある。

選抜射手：訓練を受けて、命中精度の高い高水準の射撃技術を身につけ、高性能のライフルを装備した歩兵。だが、狙撃手としての訓練を修了した兵士がもつ、高度な隠密行動や偽装工作のスキルは欠く。選抜射手は一般に歩兵部隊の一員として行動をともにする。

狙撃手：狙撃チームのリーダーであり、中心となる射手。正式な狙撃手養成学校を修了した者。また、監視や偽装陣地からの射撃スキルを学んだ軍のマークスマンをいう。

対物狙撃：狙撃手が、敵の兵員ではなく装備を攻撃する任務を負うこと。レーダー、無線システム、車両その他の軍用機器を狙う。

弾道学：発射体の運動にかんする科学。「内部弾道学」は発射時の武器内部における状況、「外部弾道学」は飛翔中の運動、「終末弾道学」は、標的に着弾したあとの発射体の運動についてのもの。

ティック・スーツ：赤外線（熱）を通さない素材でできたカムフラージュ用スーツで、狙撃手を熱画像カメラから隠す。

フラッシュ・ハイダー（消炎器）：ライフルの銃身先端を少々伸ばし拡大することで、マズルガスが燃えて銃身から出る「発射炎」を抑制する仕組み。フラッシュ・ハイダーを装着すると、敵が発射炎をとらえて狙撃手の位置を目視確認することはかなりむずかしくなる。また、夜間の闇のなかでの射撃では、発射炎で狙撃手の視界が妨げられるのを防ぐことにもなる。

頬付け：頬を銃床にあてて「頬付け」を行うことで、目、照準器、マズルをいつも同じ位置関係にし、正しい据銃にする。

ボルトアクション：ボルトアクション式のライフルはシングル・ショットタイプが多く、直接薬室に弾薬を装填するか、マガジンから給弾するタイプもある。どちらも、銃身を手動で操作して発射済み薬莢を放出する。このため空薬莢を回収しやすくなるが、非常に迅速な射撃は行えない。

マークスマン：熟練の、高い射撃能力をもつ射手。または正式な射撃資格の保持者。警察の狙撃手の多くは、軍の狙撃手がもつ隠密行動および偽装工作のスキルを身につけていないため、より正確にはマークスマンというべきだが、通常は狙撃手と呼ばれている。

マズル・エネルギー：弾が銃を出るときにもつ運動エネルギー。運動エネルギーは、銃弾の速度と質量との関数であらわされる。マズル・エネルギーが大きいほど飛翔時間は短く、弾道軌道は平坦に、殺傷力は高くなる。

マズル・ブレーキ：発射時にマズルから出るガスの一部を、銃の反動と銃口の跳ね上がりを抑制する方向に向ける装置。マズル・ブレーキによって、強力な武器のコントロールがはるかに容易になる。

離隔照準《ホールドオフ》：狙撃手が照準器を通して見たときの、照準点と標的との距離。銃弾の降下や風の影響を補うため、あるいは移動中の標的にリードをとるために必要である。

リード：移動中の標的は、銃弾が標的に到達するまでにかかる時間を考慮して、「リード」をとることが必要である。移動速度の速い、あるいは遠距離の標的に対しては大きなリードが必要だ。

ロック・タイム：トリガーを引いて、銃弾が実際に発射されるまでにあく時間。フリントロック、マッチロックというように、初期の火器の射撃メカニズムが「ロック」といわれたことからきた言葉。

ライフリング（施条）：武器の銃身に刻まれた螺旋状の溝で、銃弾が通るときに回転を与えるためのもの。回転する銃弾は飛翔姿勢が安定し、このために、ライフリングがない場合よりもずっと精度が高い。ライフリングが施された長い銃身をもつ銃は、理論上「ライフル」である。

索引

＊イタリックは図版ページをさす。

【A】
AS50 ライフル、アキュラシー・インターナショナル *104-5*
FR F2 スナイパーライフル *296-7*
G3 SG-1 スナイパーライフル、ヘッケラー＆コッホ *76-7*
Kar（カラビナー）98 スナイパーライフル、モーゼル *32-3*
L115A3 スナイパーライフル、アキュラシー・インターナショナル *56-7*, *176-7*
L85（SA80）ライフル *141*
L96A1 スナイパーライフル、アキュラシー・インターナショナル *102-3*, *172*
M1 ガランド・ライフル *40*
M2 機関銃 *44-5*
M14 エンハンスト・バトル・ライフル（EBR） *43*, *69*
M14 ライフル 41, *42-3*, 260
M21 スナイパーライフル 41
M24 スナイパー・システム（スナイパーライフル） *108-9*, *262-3*
M39 マークスマン・ライフル *102-3*
M40A1 スナイパーライフル *69*, *292-3*
M82 バレット対物ライフル 115
M82A1 バレット対物ライフル *118-9*
M110 セミオートマティック・スナイパー・システム *262*
Mk12 特殊目的ライフル *291*
NATO、バルカン半島 *47*
PGM ヘカート II 対物ライフル *112*, *296-7*
RAI モデル 500 対物ライフル *7*
SA80（L85）ライフル *141*
SWAT（特別機動隊）チーム *79*

【ア】
アキュラシー・インターナショナル
　AS50 ライフル *104-5*
　L96A1 スナイパーライフル *102-3*, *172*
　L115A3 スナイパーライフル *56-7*, *176-7*
アナコンダ作戦 53, 54
アフガニスタン 52-5, *56-7*, 68, *172*, *296-7*
　射撃の名手 *15*
アメリカ
　アフガニスタン 54
　アメリカ独立戦争（1775～83年） 15
　アメリカ南北戦争（1861～65年） *18*, 19, 21
　イラク戦争（2003～11年） 263, 291
　第二次世界大戦 36, 39
　朝鮮戦争（1950～53年） 39-40
　ベトナム戦争（1955～75年） 41-3, *44-5*, 46, 286
アメリカ沿岸警備隊 80
アメリカ海軍 *7*
アメリカ海兵隊 *7*
　訓練 *294*
　第二次世界大戦 39
　第24海兵遠征隊 *294*
　朝鮮戦争（1950～53年） 39
　ベトナム戦争（1955～75年） 41, *260*
アメリカ独立戦争（1775～83年） 15
アメリカ南北戦争（1861～65年） *18*, 19, 21
歩く *219*
アルゼンチン、フォークランド紛争（1982年） 46-7
暗視装置 41, 97, 125, *126-7*
　「熱線映像装置」も参照
安全支援（任務） 68, 70-3
イギリス
　アフガニスタン *15*, 54, *56-7*, 172
　アメリカ独立戦争（1775～83年） 15
　インド 283
　北アイルランド 47, 164
　第一次世界大戦 27
　ナポレオン戦争（1803～15年） *17*, 19
　フォークランド紛争（1982年） 47
　ボーア戦争（1880～81年、1899～1902年） 24-5
　「イギリス陸軍」も参照
イギリス陸軍

アフガニスタン　54, *56-7*, 172
インド　283
訓練　27
第 95 ライフル連隊　16, *17*, 18, 19
一過性空隙、銃創　*270-1*
一脚　129, 131, 250, *252*
移動する標的　*161*, 164, 169, 171
犬の脅威　217-8, 257, 260
イラク戦争　52, 54, 263, *291*
インド　283
ウィットワース・ライフル　*20*, 22, 23
ウォルドロン、アデルバート・F　243
曳光弾　41, 133
円頭弾　*280*
オスプレイ・ボディアーマー　*56-7*
音を立てない　208

【カ】

外部弾道学　271
街路上の標的　*288*
顔と肌のカムフラージュ　*29*, *99*
拡張弾（エキスパンディング・ブレット）
278, 282-3
陽炎　245, *246*
風
射撃への影響　159-60, 244-5
測定　243-5, *246-7*
滑腔銃身（スムーズボア）の銃　12-3, 20
カナダ　54
カムフラージュ　97-8
一般兵に見せるための　200-1
顔と肌のカムフラージュ　*29*, *99*
ギリー・スーツ　27, 28, 98-9, *100*, 201, *202-3*
訓練　90
市街地での遮蔽物　*162-3*, 224, 226-7, *228*
初期の軍服　16-7, 24
戦場で工夫する　*202-3*
戦場での移動　206-9
第二次世界大戦　*34-5*
ヘルメットのカムフラージュ　*98*
ライフルのカムフラージュ　*91*, 99, *100*, 101
「潜伏場所」も参照
ガリル・スナイパーライフル　111, *114*
監視　234-6
応急捜索　235-6
詳細捜索　*236*, 237
スケッチ　249
標的探索訓練　*258*
監視所
塹壕タイプ　*88*
テント・タイプ　*234*
溝型監視所　*31*, 230
「射撃陣地」「潜伏場所」も参照
観測手　102, 176-7, 178, *178-9*, *180-1*, 182-3
「貫通する」銃創　*266*, 273
貫通性挫滅創、銃創　*270-1*
北アイルランド　47, 164
北朝鮮　39
北ベトナム　41, 42-3, 46
軌道　→「弾道」「放物線」
教会の塔　221, 223
距離カード　*156*, 183, *242*, 243, 245, 249
距離の測定　237, 243-4
訓練　*251*
方法　237, *238*, 239, *240-1*, 242
ギリー・スーツ　27, 28, 98-9, *100*, 201, *202-3*
空洞現象（キャビテーション）、銃創における
270-1, 273, *282-3*
九九式小銃　*38-9*
軍服
最初期のカムフラージュ　16, 24
射撃の名手　16
将校の　19
訓練
訓練用ターゲット　*166-7*
現代の選抜試験と訓練　*84*, 89-91, *92-3*, 94-5, *294*, 295
射撃　90-1, *92-3*, 94, *166-7*
射撃の名手　17
第一次世界大戦　27
テスト　94-5
フィールドクラフト　88-90, *294*
本能と訓練　289
訓練用のターゲット　*166-7*
警察の狙撃手　9, 74, 75-81, *79*, *82-3*, *186*, 187-9
ゲヴェーア 98 ライフル、モーゼル　*26*
ケーニヒ少佐、エルヴィン　33

ゲパードM6対物ライフル　*113*
ケルナー、ティモシー・L　263
ケンタッキー・ライフル　15
検問所　70, *72-3*
口径、ライフルの　115, *116-7*, 118
高姿勢匍匐　214
高度戦闘光学照準器（ACOG）　140
「5時のチャーリー」　286
「今宵、静まりかえるポトマック河畔」（ビアズ）　23
コルベール将軍、オーギュスト・フランソワ＝マリー　19
コンバット・ボディアーマー（CBA）　56

【サ】

歳差運動（プリセッション）　*276-7*, 179
ザイツェフ、ヴァシリ　33, 36
サイト・ユニット・スモール・アームズ・トリラックス（SUSAT）　*140*
作戦
　アナコンダ　53, 54
　イラクの自由　52, *291*
支え、ライフルの　*128-9*, 129-31, 250-1, *252-3*
座射の姿勢　150, *152-3*, *154-5*
砂嚢と砂をつめた靴下　*128-9*, 130
サブマシンガン　102, 176
サプレッサー（抑制器）　41, 42, 131-2, 257
サラエヴォ、ボスニア　47
三脚　*130*, 250, *252-3*
塹壕　164, 168
塹壕タイプの監視所　*88*
三八式歩兵銃　*39*
市街地の遮蔽物　*162-3*, 224, 226-7, *228-9*
市街地の狙撃手　47, *48-9*, *50-1*, 52, 250, *288*
シグザウエルP228ピストル　*101*
施条マスケット銃　*18*, 20
自然な照準　150
膝射の姿勢　148, *149*, 150
ジブチ　*294*
紙片（ペーパーストリップ）法、距離の測定　237, *238*
射撃姿勢　142-5, *142-3*, 147
　体と骨格で支える（ボーンサポート）　*146*
　基本原則　154-6
　急場の陣地　*235*
　教会の塔　221, 223
　座射の姿勢　150, *152-3*, *154-5*
　膝射の姿勢　148, *149*, 150
　射撃の準備　137, 142-3
　銃眼　*138-9*, *225*, 230
　銃床に「頬付け」する　136, *142*
　選定　221, 222, 223-4, 250-1, 255
　伏射の姿勢　*144-5*, *146-7*, 147-8
　への移動　211, *212-3*, 214, *215*, 217
　ホーキンズ・ポジション　*136-7*
　屋根の上の射撃陣地　*50-1*, *62-3*, *70-1*, *80-1*, 224, *256-7*
　立射の姿勢　150, *151*, 156
　「監視所」「潜伏場所」も参照
射撃の影響　265
　射殺　273, *274-5*
　銃創　*266*, 267-9, *270-1*, *272*, 273, *274-5*, 279-83
　銃弾の衝撃　*278-9*
　銃弾の飛翔　*276-7*
　身体的効果　*266*, 270-1
　心理的効果　270
　生死にかかわる危険　284, 286, 287, 289
　胴撃ち　*269*
　骨、銃弾による打撃　*272*, 273
射撃の技能　*134*, 135-71
　移動する標的　*161*, 164, 169, 171, *268*
　風の影響　159-60, 244-5
　訓練　90, *92-3*, 94-5, *166-7*
　訓練用のターゲット　*166-7*
　射撃姿勢　*136-7*, *142-3*, 144-5, 147-8, *149*, 150, *151*, *152-3*, 154-6, *154-5*
　遮蔽物、射撃　*165*, 168-9
　周囲の環境　156-60, 164, 243-5, *247*
　銃弾の落下　157, 158-9, *158*
　放物線　*158-9*, 160, 169
　ライフルの特性　160, 164
　離隔照準（ホールド・オフ）の算出　*285*
射撃の名手　15-20
ジャケテッド・ホロー・ポイント弾　*281*, 283
射殺　273, *274-5*
射創管、銃創　*270-1*
遮蔽物ごしに射撃する　164, *165*, 168-9

車両を停止させる　9, *185*, 187
銃眼　*138-9*, *224-5*, 230
銃床に「頬付け」する　136, *142*
銃創　*266*, 267-9, *270-1*, *272*, 273, *274-5*, 279-83
銃弾　→「弾薬」
銃弾による挫滅創　271
銃弾の落下　157, *158-9*, 159
銃弾の落下の観測　*178-9*, *180-1*, 182-3
終末弾道学　271
衝撃波、銃創と　271, 273
照準器
　「アイアンサイト」 30, 119, 124
　暗視装置　125, *126-7*
　進歩　140
　熱線映像装置　97, 101, 125
　望遠　→「望遠照準器（テレスコピック・サイト）」
照準点　*122-3*, 123-4, 135
　自然な照準　150
自立性、狙撃手の　295
心臓、銃創　*275*
頭蓋骨への銃弾による衝撃　*272*, 273
スケッチ　249
スコープ　97, *182-3*
　「暗視装置」も参照
「スターライト・スコープ」→「暗視装置」
スターリングラード　33, 36
ステアー HS.50 対物ライフル　*7*, *113*
ストッピング・パワー、銃の　267-8
スプリングフィールド M1903 ライフル　*40*
スペイン内戦（1936～39年）29
生死にかかわる危険　284, 286
　高まる恐怖　286-7
　本能と訓練　289
精神状態、狙撃手　290
赤外線映像装置　125
セジウィック将軍、ジョン　21, 25
狭い空間　*228-9*
セミオートマティック・ライフルとボルトアクション式ライフル　*102-3*, 103-5
セミ・ワッドカッター弾　*280-1*
戦術
　アメリカ独立戦争　15-7
　アメリカ南北戦争　21, 23
　安全支援　68, 70-3
　警察　9, 74, 75-8, *79*, 80-1, *82-3*
　現代　61-4, *65*, 66, 175, 176-7, 289, 295-7
　戦場での移動　197, *198-9*, 200-9
　選抜射手　66-8
　戦略的準備　249-63
　即時射殺の方針　267-9
　第一次世界大戦　26-7
　第二次世界大戦　29-30, 32-3, 36, 38-9
　対反乱　47, 52-5, 66
　チームワーク　63-4, 66, *67*, 178, *178-9*, *180-1*, 182-3
　朝鮮戦争　39-40
　ナポレオン戦争　*17*, 19
　任務の計画立案　194-7
　人質救出　9, *80-1*, *186*, 187-9
　開けた土地を避ける　*170*
　フィールドクラフト　88-90
　フォークランド紛争　47
　冬戦争　29-30
　ベトナム戦争　41
　ボーア戦争　24-5
　捕虜になるのを避ける　191-3
　「カムフラージュ」「射撃陣地」も参照
戦場での移動　197, 200-9
　痕跡　*198-9*
　敵と接近して　211, *212-3*, 214, *215*, 216-8, *219*
　遠回りの移動　*206-7*
　偽の痕跡を残す　*200-1*, *204-5*
　予測可能な行動　208
　「潜入と脱出」も参照
前装式ライフル　23
潜入と脱出　194, 197, 200, 223-4
　「戦場での移動」も参照
選抜射手　66-8
潜伏場所　*4-5*
　市街地　224, 226, *228*, 229
　田園地帯　*224-5*, 229-30, *231*, *232-3*, *234*, *235*
　「カムフラージュ」「監視所」「射撃陣地」も参照
双眼鏡　97, *126-7*, 207
創傷弾道学　271, 273
装弾筒付き弾薬　284

装備　97，295
　暗視装置　41，97，125，*126-7*
　サプレッサー（抑制器）　41，42，131-2，
　　257
　銃の支え　*128-9*，129，*130-1*，131，250，
　　252-3，*254*
　狙撃手の標的として　8，263
　ドラッグ・バッグ　*208-9*
　熱線映像装置　97，101，125
　レーザー測距器　55，159，183，237
　「カムフラージュ」「照準器」「弾薬」「兵器」
　　も参照
即時射殺の方針　267-9
即席のアンテナ　*192-3*
即席爆発装置（IED）　54，189
速度の維持　160
狙撃手のスキル　290
狙撃手の選抜　85-7
狙撃手の定義　4-5，7，290，296-7
狙撃の歴史
　火器以前の武器　11-2
　射撃の名手　15-20
　初期の火器　12-20
　第一次世界大戦　*24-5*，26-7
　第二次世界大戦　29-30，32-3，*34-5*，36-9
　対反乱作戦　47，52
　朝鮮戦争　37，39-40
　フォークランド紛争　47
　ベトナム戦争　41-3，*44-5*，46
　ライフルの普及　21-5
ソビエト連邦
　選抜射手　68
　第二次世界大戦　32，*34-5*，36，38
　冬戦争（1939～40年）　29-30

【タ】

第一次世界大戦　26-7
第二次世界大戦　29-30，32，*34-5*，36-8，
　221
対狙撃任務
　現代　8-9，289
　第二次世界大戦　30, 32, 34, 36, 37, 38, 39
　標的の選定　255
　フォークランド紛争　47
　ベトナム戦争　42-3
対反乱作戦　47，52-5，66
対物ライフル　8，112-3，132，*184-5*，186，
　188-9，189，283-4
脱出　→　「潜入と脱出」
ダムダム弾　283
タリバン　54，55
弾道（学）　271，273，*276-7*
弾片による傷　273，*282-3*
弾薬
　曳光弾　41，133
　円頭弾　*280*
　「横転」弾　278-9，280
　オーバーペネトレーション　132
　拡張弾（エキスパンディング・ブレット）
　　278，282-3
　殺傷力の強化　281-2
　質量と速度　114
　ジャケテッド・ホロー・ポイント弾
　　281，283
　銃弾の形状　*280-1*
　銃弾の衝撃　*278-9*
　銃弾の飛翔　*276-7*
　銃弾の力学　278-81
　重要性　132
　初期の火器　*13*，14
　セミ・ワッドカッター弾　*280-1*
　装弾筒付き弾薬　284
　対物　112-3，133，283-4
　ダムダム弾　283
　弾道　271，273，*276-7*
　徹甲焼夷弾　284
　徹甲弾　27，133，283-4
　徹甲榴弾　284
　パーカッション・キャップ（撃発雷管）　22
　発射済み薬莢　104-5
　「ビーンバッグ」弾　267
　ホロー・ポイント弾　*281*，283
　ミニエー弾　*13*，14
　ライフルの口径　115，*116-7*，118
　ラプア・マグナム弾　176
　ワッドカッター弾　*280*
　「射撃の影響」も参照
チャン・タオ・ファン　255
中国　255
長期的な潜伏場所　*232-3*

朝鮮戦争（1950～53年） 37, 39-40, 255
直射（ポイント・ブランク） 157-8
知力 295-6
「釣り針」 *205*
低姿勢匍匐 *212-3*, 214
データ・ブック 250
徹甲焼夷弾 284
徹甲弾 27, 133, 284
徹甲榴弾 284
徹底した低姿勢匍匐 *212-3*, 214, *215*
手と膝ではう 214, *216-7*
テレビ・ゲーム 291, 294-300
テント・タイプの監視所 *234*
展望鏡 97
ドイツ
　第一次世界大戦 27
　第二次世界大戦 32, 36
胴撃ち *269*
トカレフ SVT40 セミオートマティック・ライフル 38
時計法（クロック・システム）、風の要因 *247*
ドラグノフ
　SVD スナイパーライフル 68, 69
　SVDS スナイパーライフル *266-7*
ドラッグ・バッグ *208-9*
トラファルガーの戦い（1805年） 19
トリガー
　調節可能なトリガー 141
　トリガーを引く 142-3

【ナ】

内部弾道学 271
ナポレオン戦争 *17*, 19
においをただよわせない 208
二脚 131, *188*, 250, 252
偽の痕跡を残す *200-1*, *204-5*
日本 36, 39
任務の計画立案 194-6
熱線映像装置 97, 101, 125
　「暗視装置」も参照
ネルソン提督、ホレーショ 19
脳の損傷 273, *274*

【ハ】

パヴリチェンコ、リュドミラ 36, 38
パーカッション・キャップ（撃発雷管） 22
迫撃砲による攻撃 216-7, 257, 284, 286
ハーグ条約（1899年） 283
爆発物処理（EOD） 189
ハスコック軍曹、カルロス 42-3, 44, 46
肌のカムフラージュ 29, *99*
ハリソン伍長、クレイグ 55
バルカン半島 47, *48-9*
バレット
　M82 対物ライフル 115
　M82A1 対物ライフル *118-9*
反動 110-1
ビアズ、エセル・リン 23
光と影を利用する *89*
ピストル 105, *105*, 175, 267, 271
ピッチ、銃弾 279, 280
人質救出 9, *80-1*, *186*, 187-9
100メートル単位目測法 237, 239, *240-1*
標的
　移動する標的 *161*, 164, 169
　街路上の標的 *288*
　価値の高い標的 7-8, 259-62
　訓練用ターゲット *166-7*
　選定 6, 7-8, 255, 259-62
　探索訓練 *258*
標的に対するリード *161*
標的の追い撃ち 161
標的の迎え撃ち 161
開けた土地を避ける *170*
「ビーンバッグ」弾 267
ファーロング伍長、ロブ 54
フィールドクラフト 88-90
フォークランド紛争 47
伏射の姿勢 *144-9*, *146-7*, 147-8
伏射用の潜伏場所 *231*
冬戦争（1939～40年） 29-30
フラッシュ・ハイダー *188*
プランケット、トマス 19
フランス
　アフガニスタン *296-7*
　ナポレオン戦争（1803～15年） 17, 19
フリーフローティング・バレル *7*, 105, *106*, 107-10

フリントロック（火打ち）式銃　22
ブルパップ方式　*110*, *113*, 114-5
ブロフィー大尉、ウィリアム　40
兵器
FR F2 スナイパーライフル　*296-7*
L85（SA80）ライフル　*141*
M1 ガランド・ライフル　*40*
M2 機関銃　*44-5*
M14 エンハンスト・バトル・ライフル（EBR）　*43*, *69*
M14 ライフル　41, *42*
M21 スナイパーライフル　41
M24 スナイパー・システム（スナイパーライフル）　*108-9*, *262-3*
M39 マークスマン・ライフル　*102-3*
M40A1 スナイパーライフル　*69*, *292-3*
M110 セミオートマティック・スナイパー・システム　*262*
Mk12 特殊目的ライフル　*291*
PGM ヘカート II 対物ライフル　*112*, *296-7*
RAI モデル 500 対物ライフル　*7*
アキュラシー・インターナショナル AS50　*104-5*
アキュラシー・インターナショナル L96A1　*102-3*, *172*
アキュラシー・インターナショナル L115A3 スナイパーライフル　*56-7*, *176-7*
滑腔銃身（スムーズボア）の銃　12-3, 21
ガリル・スナイパーライフル　111
頑丈さと命中精度　111
九九式小銃　*38-9*
ゲパード M6 対物ライフル　*113*
ケンタッキー・ライフル　15
後装式ライフル　23
サブマシンガン　102, 176
三八式歩兵銃　*39*
シグザウエル P228 ピストル　*101*
施条マスケット銃　*18*, 19
銃の支え　*128-9*, 129, *130-1*, 131, 250-1, *252-3*
ステアー HS.50 対物ライフル　*7*, *112-3*
ストッピング・パワー　267-8
スプリングフィールド M1903 ライフル　*40*
性能と携帯性　111, 114-5
選択　175
即席爆発装置（IED）　54
対物ライフル　9, *112-3*, 133, *184-5*, 187, 189, *284*
トカレフ SVT40 セミオートマティック・ライフル　38
ドラグノフ SVD スナイパーライフル　68, *69*
ドラグノフ SVDS スナイパーライフル　*266*
バレット M82 対物ライフル　115
バレット M82A1 対物ライフル　*118-9*
反動　110-1
ピストル　101, 175, 267, 271
フリントロック（火打ち）式銃　22
ブルパップ方式　*110*, *113*, 114-5
ベーカー・ライフル　16, 18
ヘッケラー＆コッホ G3SG-1 スナイパーライフル　*76-7*
ベレッタ M9 ピストル　*101*
ボルトアクションとセミ・オートマティック　103-5
マクミラン M87R 対物ライフル　*188-9*
マクミラン Tac-50 スナイパーライフル　*52-3*, 53
マスケット銃　12-3, 14, 15-6, 21
マッチロック式銃（火縄銃）　12
ミラン対戦車ミサイル　47
モシン・ナガン M1891 ライフル　*34-5*, 37, 255
モーゼル・カラビナー 98 スナイパーライフル　*32-3*
モーゼル・ゲヴェーア 98 ライフル　26
ライフルの特性　107-11, 160, 164
ライフルの口径　115, *116-7*, 118
リー・エンフィールド No.4 ライフル　*78*
リー・エンフィールド・エンフォーサー　*78*
レミントン・モデル 700 ライフル　263
ロケット推進式グレネード　54, 68
ロック・タイム　168
ワルサー WA2000 ライフル　*110*, 111
「照準器」「装備」「弾薬」も参照
ヘイヘ、シモ　30
ベーカー・ライフル　16, 18
ヘッケラー＆コッホ G3SG-1 スナイパーライフル　*76-7*
ベトナム戦争（1955 〜 75 年）　37, 41-3, *44-5*, 46, 286

ペリー伍長、アーロン　54
ヘルメットのカムフラージュ　*98*
ベレッタ M9 ピストル　*101*
ボーア戦争（1880～81 年、1899～1902 年）　24-5
望遠照準器（テレスコピック・サイト）
　アメリカ南北戦争　21
　現代　*56-7*, *69*, *108*, 119, 123-4, 140, *141*
　高度戦闘光学照準器（ACOG）　140
　サイト・ユニット・スモール・アームズ・トリラックス（SUSAT）　140
　使用　*86*, 135, 137, *157*
　照準点　*122-3*, 123-4, 135, 150
　第一次世界大戦　*24*
　第二次世界大戦　*38-9*, *40*
　タイプ　*120-1*, *157*
　倍率　119, 123-4
　冬戦争　30
　ベトナム戦争　*42-3*, *44-5*
放物線の弾道　*158-9*, 160, 169
ホーキンズ・ポジション　*136-7*
ボスニア・ヘルツェゴヴィナ　47
骨、銃弾による打撃　*272*, 273
匍匐　*212-3*, 211, 214, *215*
捕虜となることを避ける　191-3
ボルトアクション式ライフルとセミオートマティック・ライフル　103-5, 107
ホロー・ポイント弾　*281*, 283
本能と訓練　289

【マ】
マウィニー、チャック　260
マクミラン M87R 対物ライフル　*188-9*
マクミラン Tac-50 スナイパーライフル　*52-3*, 53
マスケット銃　12, 13, *15*, 15-6, *18*, 19-20, 21
マズル・ブレーキ　*7*, *188*
待ち伏せの場所　*64-5*, 66
マッチロック式銃（火縄銃）　12
溝型監視所　*31*, 230
ミニエー弾　*13*, 14
ミラン対戦車ミサイル　47
ミル目盛を利用した距離算出　239, *239*
モガディシュ、ソマリア　195
目標集合地点（ORP）　*222-3*, 223
モシン・ナガン M1891 ライフル　*34-5*, 37, 255
モーゼル
　カラビナー 98 スナイパーライフル　*32-3*
　ゲヴェーア 98 ライフル　*26*

【ヤ】
屋根の上の射撃陣地　*50-1*, *62-3*, *70*, 224, *256-7*
友軍による射撃　191, 214
ヨー（左右の動き）、銃弾の　*276-7*, 279

【ラ】
ライフリング（施条）　21
ラプア・マグナム弾　*176*
リー・エンフィールド
　No.4 ライフル　*78*
　エンフォーサー　*78*
離隔照準（ホールド・オフ）の算出　*285*
立射の姿勢　150, *151*, 155
流体静力学にもとづく衝撃　273
レイノルズ伍長、クリストファー　55
レーザー測距器　55, 159, 183, 237
裂傷　271
レバノン　47
レミントン・モデル 700 ライフル　263
ロケット推進式グレネード　54, 68
ロック・タイム　168

【ワ】
ワッドカッター弾　*281*
ワルサー WA2000 ライフル　*110*, 111
湾岸戦争（1991 年）　52

◆著者略歴◆
マーティン・J・ドハティ（Martin J. Dougherty）
軍事戦闘システムの知識をもつ英国セルフディフェンス連盟上級査定官。『SAS・特殊部隊式図解徒手格闘術マニュアル』、『最新コンバットバイブル——現代戦闘技術のすべて』をはじめ、戦闘テクニックや軍事テクノロジーにかんする多数の著書がある。

◆訳者略歴◆
坂崎竜（さかさき・りゅう）
翻訳家。北九州市立大学外国語学部卒。訳書に、クリス・マクナブ『図説SAS・精鋭部隊ミリタリーサバイバル・ハンドブック』（三交社）、マーティン・J・ドハティ『SAS・特殊部隊式図解徒手格闘術マニュアル』（原書房）などがある。

SAS・特殊《とくしゅ》部《ぶ》隊《たい》
図《ず》解実戦《かいじっせん》狙《そ》撃手《げきしゅ》マニュアル

●

2013年11月25日　第1刷

著者………マーティン・J・ドハティ
訳者………坂崎竜《さかさきりゅう》
装幀者………川島進（スタジオ・ギブ）
本文組版・印刷………株式会社精興社
カバー印刷………株式会社精興社
製本………東京美術紙工協業組合

発行者………成瀬雅人
発行所………株式会社原書房
〒160-0022　東京都新宿区新宿1-25-13
電話・代表03(3354)0685
http://www.harashobo.co.jp
振替・00150-6-151594
ISBN978-4-562-04956-1